编著：顾小玲　尹文

新版高等院校设计专业系列教材

风景园林设计

上海人民美术出版社

图书在版编目（CIP）数据

风景园林设计／顾小玲　尹文编著．－上海：上海人民美术出版社，2017.7
ISBN 978-7-5586-0290-0

Ⅰ.①风...　Ⅱ.①顾...　②尹...　Ⅲ.①园林设计　Ⅳ.①TU986.2

中国版本图书馆CIP数据核字（2017）第054058号

新版高等院校设计专业系列教材
风景园林设计
编　　著：顾小玲　尹　文
责任编辑：邵水一
装帧设计：朱庆荧　郭　洁
封面设计：胡彦杰
技术编辑：朱跃良
出版发行：上海人民美術出版社
（上海长乐路672弄33号）
邮编：200040　电话：021-54044520
网　　址：www.shrmms.com
印　　刷：上海盛通时代印刷有限公司
开　　本：889×1194　1/16　10.5印张
版　　次：2017年7月第1版
印　　次：2017年7月第1次
书　　号：ISBN 978-7-5586-0290-0
定　　价：49.00元

前言

随着生活水平的提高，人们对环境视觉景观设计日益重视，以往局限于皇家园林、私家园林、寺庙会馆园林的古典园林等形态的观赏已经不能完全满足现代人对于园林景观的需要。将自然的风景与人工的园林相结合，将造园要素与城市景观相结合，是一条行之有效的设计之路，这是一个大的风景园林概念。政府规划的市政景观工程、企业环境绿化景观工程、酒店庭园环境规划设计、私家庭院景观设计和小区绿化景观设计都属于风景园林设计。

世界上各种风景园林都是以同样的要素构成。“造园有法而无式”，这为风景园林设计提供了最大的空间设计可能性。我们在教材中将中国古典园林理论和现代公园、城乡景观、生态景观以及西方与日本的风景园林理论加以综合提炼，而不是讲述一种模式或艺术风格，力图多方面加以介绍，以拓展同学们的想象空间，开拓设计思维。

作为基础教材，本教材结合时代要求，将造园的方式方法与具有代表性设计理念相融合，为启发学生的创作思维和拓宽更多的知识面提供有价值的学习内容。手绘设计作业与图片贯穿全书，图文并茂，合为一体，同时也加强了课程与作业的可操作性与实用性。在图例方面，以国内外手绘图典和照片相结合，形成一系列可供学生临摹学习的风景园林绘图范例。希望能为学习园林设计的学生提供切实的帮助。

编者

2017 年 5 月

目 录

Chapter

第一章 中外风景园林概述

纵观中外风景园林的简史，可以看出，风景园林的产生与发展是人类出于对大自然的热爱，对美的形式追求，为实现理想的家园、乐园而不懈努力的历史。风景园林营造的是人工环境，它必然带有人文的烙印。中西方在宗教、文化、经济、审美等方面存在的差异，造就了中外风景园林的不同风格与特点。它直接反映了中西方人对大自然的不同情感和对文化艺术的不同追求。对于初学风景园林设计的人来说，通过中外风景园林概述的学习，可以大致了解中西方风景园林的不同自然观和审美观，有利于今后的深入学习。

第一节 中国古代风景园林

1. 商周的灵囿、灵台、灵沼

对山水神灵的崇拜，构成了中国山水园林的雏形。我国园林的兴建，是从奴隶社会的商周时代开始的。最初的形式为“囿”，已有三千多年的历史。囿是将一定的地域加以围栏，让天然草木鸟兽滋生繁育，供帝王狩猎游乐，并且由专人管理，是古代皇家的狩猎之地。西周时期的“文王之囿”又称“灵囿”，其内设有灵台。灵台是当时最重要的园林建筑之一，以夯土筑台，上面建楼阁，作为帝王登临居住，受命于天，祈察吉凶的高台。文王的灵台边上有灵沼，灵沼体现了先民对水的崇拜，而夯筑灵台所需的大量土方也是靠挖掘灵沼而获得的。

2. 秦汉时的宫苑

到了封建社会，囿的形式已不能满足统治者的要求，从而出现了以宫室为主体建筑的宫苑。秦始皇统一六国时，每灭一国，必仿建其宫室于咸阳北坡上。又在渭水之南建“上林苑”，唐代诗人李商隐的《咸阳》中写道：“咸阳宫阙郁嵯峨，六国楼台艳绮罗。自是当时天子醉，不关秦地有山河。”说的就是秦始皇穷奢极侈，筑咸阳宫，收藏六国珍宝。在渭水之南的上林苑中建阿房宫，阿房宫“规恢三百余里，离宫别馆，弥山跨谷，辇道相属”，除阿房宫之外，还建有兰池宫，东西200里，南北20里，长200丈，是皇家的游宴场所。在长安城，秦始皇造兴乐宫，宫内有鸿台，高40丈，上起观宇，秦始皇曾经射飞鸿于台上。兴乐宫内有鱼池台、酒池台，可见其奢靡与荒淫。由于吸收了六国宫室园苑精华，建筑规模宏大宽敞，精于构思，巧于设计，此时山水园林的雏形已形成。

秦亡汉兴以后，汉高祖建长乐宫、未央宫。长乐宫即秦代的兴乐宫，秦始皇时建造，汉代又加以修饰，有鸿台、临华殿、温室殿、长信宫、长秋殿、永寿殿和永宁殿等建筑。未央宫有台殿43座，有13池、6门及门阅95座。未央宫的柏梁遭火灾后，又建建章宫36殿。建章宫打破宫苑格局，在宫中出现了叠山理水的园林建筑，开凿了人工湖称太液池，池中有瀛洲、蓬莱、方丈3座仙山，象征东海中的仙山胜境，并且用玉石雕琢鱼龙、奇禽、异兽，放养珍稀水禽动物，奠定了“一池三山”式的中国山水园林模式。

汉代宫苑有甘泉宫，内有台11座，其中通天台高30丈，几可通天。另有宫12座，楼观相属，百官都有邸舍。皇家苑囿上林苑又砌上了围墙，掘长池引渭水，池中筑土为蓬莱仙境。上林苑池和西坡池聚土为山，十里九坡奇花异树有2000种左右，是当时世界上绝无仅有的植物花木园林。

3. 魏晋南北朝园林

魏晋时期连年战乱，民不聊生，但统治者追求享乐，不断兴建园林。魏文帝曹丕于洛阳建芳林园，取太行山石在园林中堆景筑山。南北朝时期，北朝皇家园林承袭秦汉风格，南朝园林受晋以来文学、绘画影响，文人士大夫崇尚老庄思想，谈玄玩世，加上佛教盛行，在寄情山水、超脱尘世的思想指导下，使园林艺术向自然景观方向发展。南朝宋元帝在南京玄武湖所造之园即是以自然景观为主的大型皇家园林。

4. 隋代宫苑

隋、唐是我国封建社会的鼎盛时期。隋代的仁寿宫是集自然山水与人工山水于一体的皇家苑囿，有大兴宫、仙都宫、仙林宫、太平宫等宫苑。隋文帝改曲江为芙蓉园，又建西苑。西苑周长200里，是隋代的一大园林，其内为海，开凿了方丈、蓬莱、瀛洲等山，山体高出水面百余尺，山上有台观宫殿。海北有龙鳞渠，渠水萦纡注海内，环渠有16院，门临水渠，堂殿楼台极其华丽。并且以飞桥跨水、院院相连、户户绕水构成了邸宅苑囿。

灵台图《关中胜迹图志》

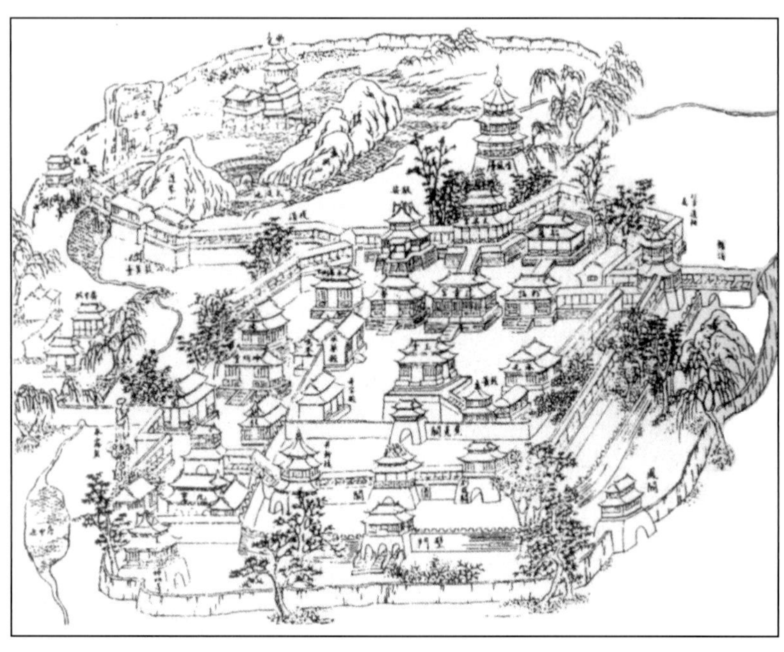

汉建章宫图《关中胜迹图志》

5. 唐代宫苑

唐代仍取宫苑结合、前宫后苑的形式，著名的有太极宫，宫内有殿、阁、廊、池、亭、馆三四十所。海池在太极宫后，碧波荡漾，是以湖光山色为主的景区，皇帝在此泛舟。东内大明宫太液池是主要园林建筑，位于大明宫北面的中部地势低洼处，经人工凿池，池四周建回廊百间，绿水中有蓬莱山，形成“天光流于紫庭，倒影入于朱户”的美丽风光。南内有兴庆宫，其水井溢浸成数十顷的大池，称隆庆池，后称兴庆池，又称龙池。兴庆池自开元初年兴建，屡有增修，有殿、阁、楼、堂、亭二三十处。唐代长安还有唐城三苑，分别是西内苑、东内苑、禁苑，西内苑内有一个大型猎场，可供皇帝骑射。禁苑是长安城郊的主要风景园林区，有望春宫、鱼藻宫、梨园、九曲池、柳园亭、明水园、七架亭、栖云桥等园林建筑。三苑层层环抱，又有多重城郭的作用，拱卫着皇宫，内有禁军拱卫唐城。

唐代长安地处终南山北麓，川原起伏，八水分流，城郭园林风景秀丽，有曲江池、棠梨宫、葡萄馆、紫云楼、芙蓉园、杏园等等。临潼骊山有温泉，称华清宫，宫内有浴殿汤池多处，温泉中有安禄山从范阳找来的以白玉石雕刻而成的鱼龙、袅雁、石莲花，是唐明皇、杨贵妃沐浴处。山间遍植松柏树木，花木锦绣，称东绣岭、西绣岭。杜牧《过华清宫》中“长安回望绣成堆”便是说的这里。唐代著名的宫苑还有九成宫，它是隋唐王朝的避暑行宫，有“离宫之冠”的称誉。

唐代私家园林有很大的发展。长安城内有王侯公主、达官显贵造“山池院”，住宅内都有园林，在郊外又建别墅，有山庄、别墅，穿池凿石，如同仙境。而诗人王维建辋川别业，利用山川池形植被，规划整治，虽由人作，宛自天开，是文人写意山水园的代表作。

6. 北宋宫苑

北宋宫苑以“寿山艮岳”为代表。宋徽宗赵佶爱游山玩水，擅长书画，在汴京营造“艮岳”，不惜劳民伤财，广搜天下奇花异石，史称“花石纲”。安置假山石的方式也很特别，他喜欢将石头竖立起来“独植”欣赏，完全具备了山水、建筑、宫苑一体的模式。寿山艮岳主峰是艮岳，有寿山、万松岭、东岭诸峰，引水入园，随地形造景，如松岭、梅林、药寮、农庄等等，还有风景区、溪谷区、湖沼平原区。宋徽宗信奉道教，造园时听从方士的进言，用道教的典故名称命名，具有改变风水的目的。

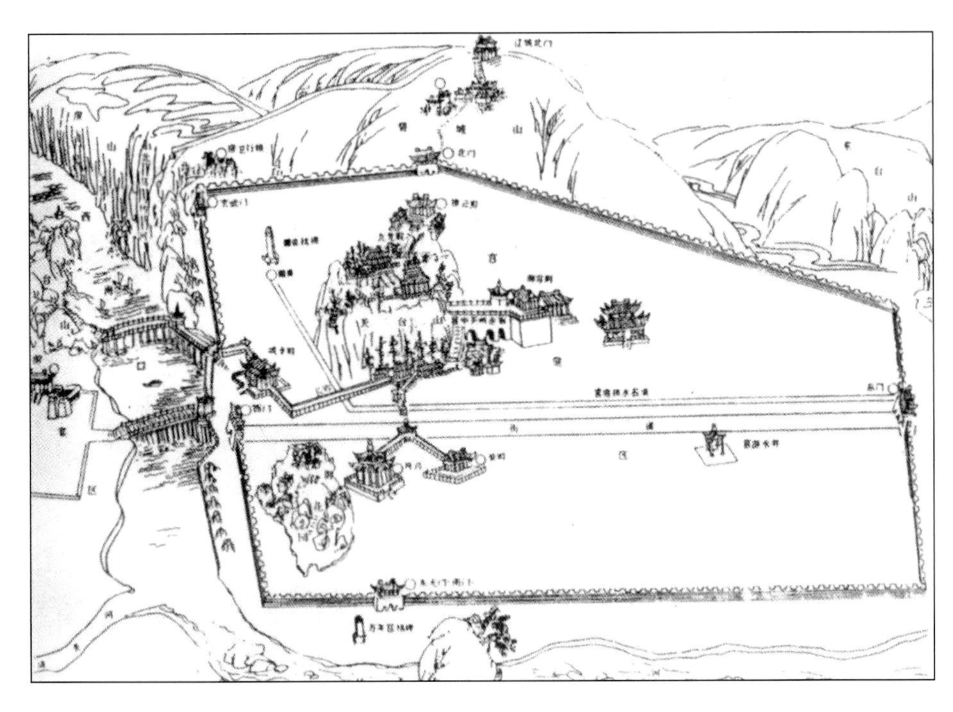

汉建章宫图《关中胜迹图志》

7. 明清北方皇家园林

清代是中国古代园林的集大成时代。明代北京宫苑园林代表之作是明西苑，它继承了北宋山水宫苑传统，造园风格朴素自然。将元代的太液池向南扩展，加挖南海，形成三海。清代宫苑建设数量之多，规模之大，超过历史上任何朝代，其造园特点是数量多、尺度大、装饰豪华、园中有园，并且吸收江南私家园林的特色，代表作有号称万园之园的圆明园、颐和园、承德避暑山庄。圆明园是在平地上兴建的大型山水园林，全园由几个景区组成，其宫殿之多，景观变化之复杂，都是空前的，代表了中国皇家园林的最高成就，其中的大水法、西洋楼吸收了西方园林建筑的要素。圆明园于1860年被英法联军付之一炬，是中国园林艺术的巨大损失。

北京颐和园皇家园林

颐和园中的石舫

8. 明清江南私家园林

中国园林艺术有城市山林、世外桃源的美誉，明代北京有私家园林不下20余处，其中以米万钟的勺园最为著名。北京清代私家园林有五六十处，如恭王府、那桐府等。此时江南私家园林以扬州、苏州、南京、杭州、嘉兴最为著名。明代扬州园林有八大名园，素以叠山著名，有扬州园林甲天下之说，其私家园林不下百余处。

苏州私家园林的历史悠久，清中叶以后，苏州园林有极大的发展，是现存私家园林最多的城市，其中以拙政园、留园、网师园、狮子林、沧浪亭等最为著名。苏州园林为江南之冠，对中国南北各地园林都有影响。江南私家园林造型富于变化、自由活泼，极其富有美感，是珍贵的人类文化遗产。无锡寄畅园、上海豫园、南京瞻园、常熟燕园、嘉兴秋霞圃、南翔古猗园、嘉兴烟雨楼、吴兴潜园也都极负盛名。

江南私家园林拙政园

9. 风景园林和寺庙园林

自然风景经文人的品题，往往称之为“景”，如金陵四十八景、扬州瘦西湖二十四景、杭州西湖十景、无锡愚公谷六十景、济南大明湖八景，等等。这些景观既有自然风光，又有人文胜迹，加上诗词绘画的渲染，极具游览价值。古代寺庙之中也有园林，而且许多寺庙的选址就在名山之中，自然景观十分优美。寺庙占尽天下名山，也构成了寺庙风景园林。

雁荡山中的寺庙园林

第二节 外国传统风景园林

1. 日本的缩景园

日本庭园受中国唐代"山池院"的影响，逐渐形成了日本特有的"山水庭"。山水庭十分精致小巧，它模仿大自然风景，缩景于庭园之中，像一幅自然山水画，以石灯、洗手钵为陈设品，同时还注意色彩层次和植物配置。

筑山庭

日本传统园林有筑山庭、平庭、茶庭三大类。

（1）筑山庭：筑山庭是人造山水园，是集山峦、平野、溪流、瀑布等自然风光精华为一体的园林。它以山为主景，以重叠的山头形成近山、中山、远山、主山、客山，焦点为流自山间的瀑布。山前一般是水池或湖面，池中有岛，池右为"主人岛"，池左为"客人岛"，中间以小桥相连。山以堆土为主，上面植盆景式乔木、灌木模拟山林，并布置山石象征石峰、石壁、山岩，形成自然景观的缩影。

缩景园供眺望的部分称"眺望园"，供观赏游乐的部分称"逍遥园"。池水部分称"水庭"。日本筑山庭另有"枯山水"，又称"石庭"。其布置类似筑山庭，但没有真水，而是以卵石、沙子划成波浪，虚拟为水波，置石组模拟岛屿，表现出岛国的情趣。

平庭

（2）平庭：平庭一般布置在平坦的园地上，设置一些聚散不等、大小不一的石块，布置石灯笼、植物、溪流，象征原野和谷地，岩石象征真山，树木代表森林。平庭也有用枯山水做法，以沙作水面的。

（3）茶庭：茶庭只是一小块庭地，与庭园其他部分隔开，布置在筑山庭式平原之中，四周用竹篱或木栅栏围合，由小庭门入内，主体建筑是茶道仪式的茶屋。茶庭是以主体建筑——茶道仪式的茶屋而衍生出的小庭园，一般是进茶屋的必经之园。进入茶庭时先洗手后进茶屋。茶庭内必设洗手水钵、石灯笼，而一般极少用鲜艳的花木，庭地和石山通常只是配置青苔，似深山幽谷般的清凉世界，是以远离尘世的茶道气氛引人们沉思默想的庭园。

茶庭

2. 意大利台地园

意大利文艺复兴时期，造园艺术成就很高，在世界园林史上占有重要地位。当时的贵族倾心于田园生活，往往迁居到郊外或海滨的山坡上，依山建庄园别墅。其布局采用几何图案的中轴对称形式，下层种花草、灌木作花坛；中上层为主体建筑，植物栽培与修剪注意与自然景观的过渡关系，靠近建筑部分逐渐减弱规则式风格。由内向外看，即从整体修剪的绿篱到不修剪的树丛，然后是大片园外的天然树木。

台地园里的植物以常绿树木石楠、黄杨、珊瑚树为主，采取规划图案的绿篱造型，以绿色为基调，给人舒适、宁静的感觉，很少用色彩鲜艳的花卉。高大的树木既遮阴又常被用作分隔园林空间的材料。

意大利台地园

意大利台地园在山坡上建园，视野开阔，有利于俯视观览与远眺借景，也有利于从山上的山泉引水造景。水景通常是园内的一个主景，理水方式有瀑布、水池、喷泉、壁泉等，既继承了古罗马的传统，又有新的内容。由于意大利位于阿尔卑斯山南麓，山陵起伏，草木繁盛，盛产大理石，因此，在风景优美的台地园中常设有精美的雕塑，形成了意大利台地园的特殊艺术风格。

3. 法国几何式宫苑

17、18 世纪的法国宫苑，是受意大利文艺复兴影响，并结合本国的自然条件而创造出的具有法国独特风格的园林艺术。法国地势平坦，雨量适中，气候温和，多落叶、阔叶树林，因此法国宫苑常以落叶密林为背景，广泛种植修剪整形的常绿植物。以黄杨、紫杉作图案树坛，丰富的花草作图案花坛，再利用平坦的大面积草坪和浓密的树林衬托华丽的花坛。行道树以法国梧桐为主，建筑物附近有修剪成形的绿篱，如柏树、紫杉、黄杨、珊瑚树等。

法国几何式宫苑一

法国宫苑规划精致开朗，层次分明，疏密对比强烈；水景以规划河道、水池、喷泉以及大型喷泉群为主，在水面周围布置建筑物、雕塑和植物，增加景观的动感、倒影和变化效果，以此扩大园林空间感。路易十四建造的凡尔赛宫是法国宫苑的杰出代表。

法国几何式宫苑二

4. 英国风景园

15 世纪以前，英国园林风格比较朴实，以大自然草原风光为主。16、17 世纪，受意大利文艺复兴的影响，一度流行规整式园林风格。18 世纪由于浪漫主义思潮在欧洲兴起，出现了追求自然美、反对规整的人为布局的园林审美。中国自然式山水园林被威廉·康伯介绍进英国后，英国一度出现了崇尚中国式园林的时期。直至产业革命后，牧区荒芜，城郊出现了大面积造园的用地条件，方发展出英国自然式风景园。

英国风景园

英国风景园有自然的水池，略有起伏的大片草地，道路、湖岸、树木边缘线采用自然圆滑的曲线，树木以孤植、丛植为主，植物采用自然式种植，种类繁多，色彩丰富，经常以花卉为主题，并且有小型建筑点缀其间。小路多不铺装，任人在草地上漫步运动，追求田园野趣。园林的界墙均作隐蔽处理，过渡手法自然，并且把园林建立在生物科学基础上，发展成主题类型园，如岩石园、高山植物园、水景园、沼泽园，或是以某种植物为主题的蔷薇园、鸢尾园、杜鹃园、百合园、芍药园等。

5. 美国国家公园

1832 年在美国西部怀俄明州北部落基山脉中开辟的“黄石国家公园”，是世界上第一个国家公园，这里面积有 89 万公顷，温泉广布，有数百个间歇泉，水温达 85℃。美国现有国家公园 40 处，占地五六百万公顷。另外还有国家名胜、国家纪念建筑、国家古战场、军事公园、历史遗址、

美国纽约中央公园

国家海岸、河道等 20 多种形式的游览地达 321 处。大片的原始森林，肥美的广阔草原，珍贵的野生动植物，古老的化石与火山、热泉、瀑布，形成了美国国家公园系统。

美国现代公园注重自然风景，室内外空间环境相互联系，采用自然曲线形水池和混凝土道路。园林建筑常用钢木材料，用散置林木、山石、雕塑、喷水池等装饰园林。美国国家公园内严禁狩猎、放牧、砍伐树木，大部分水源不得用于灌溉和建水电站。公园内有便利的交通、宿营地和游客中心，为旅游和科学考察提供方便。

第三节 风景园林的形式与特征

纵观古今中外风景园林，其表现形式多种多样、丰富多彩。从造园的形式上区分，可以概括分为三大类：

1. 规则式园林

整形式、图案式、几何式的西方园林都属于规则式园林，以文艺复兴时期意大利台地园和法国平面图案式园林为代表。我国有祭坛如北京天坛，陵墓如南京中山陵等，也属于此种类型。规整式、几何式的园林景观气势宏大、庄严肃穆，令人肃然起敬。规则式园林有以下一些基本特征：（1）地貌以水平面和缓倾平面组成，若是山地及丘陵地则以阶梯式、大小不同的水平台地、倾斜平面和石阶组成。（2）水体：常以喷泉作水景主题，外轮廓为几何形，驳岸齐整。（3）建筑：建筑群采用中轴对称设计，以主轴和副轴控制全园。（4）道路广场轮廓为几何形，草坪、广场、林带、墙树均为几何直线、曲线组成的方格，次年改成放射形环境。（5）植物花卉栽植成图案花坛，树林配置以行列式、对称式为主，树木修整为几何形。（6）以盆树、盆花、瓶饰、雕塑为主要场景，雕塑位置多配置在轴线的起点、终点或是交点上。

2. 自然式园林

自然式园林有风景式、不规则式、山水派园林几种，它们的形成以中国园林为主。中国园林无论大型皇家苑囿还是私家小型园林都是自然式，从唐代开始影响日本，18 世纪后半叶又传入英国。

自然式园林的特征有：（1）地形以自然和人工相结合。除建筑以外，以自然起伏的曲线和土丘相结合。（2）

以灌木为主、修剪成图案形的规整式园林

自然与人工结合建造的森林公园

水体：以自然曲线为水体轮廓，岸为自然倾斜坡度，山石驳岸，水景为溪涧、河流、池沼、湖泊、自然式瀑布。（3）建筑：园林建筑群以不对称均衡布局，全园不以轴线控制，而以游览线控制全园。（4）道路广场以不对称的建筑群、土山、自然树丛林带为主。（5）树木种植不呈行列式，而是以自然群落植物为美，以山石修花坛，花卉以丛花、花群为主。（6）以建筑、假山、盆景为主要场景。

3. 混合式园林

规则式和自然式混合，使用比例差不多的园林，可称为混合式园林。绝对的规整式园林和绝对的自然式园林在现代生活中很难见到。因为植物的自然生长形态对园林风景有着直接的影响。特别是生长较快的树木需要每年修整，否则会造成园林空间有狭小堵塞和杂乱无章之感。

地形平坦的可规划成规则式园林，建筑群附近因道路原因所以多采用此种布置。远离建筑群、地形不平坦的山地或是水面多的地形可采用自然式。如四周为规划式直线高层建筑，那么造园时宜用曲线自然式与建筑形成对比；如果建筑物高大，园林建筑宜小巧；如果建筑物线条挺拔，则园林道路线条宜弯曲柔和以取得对比效果。

一般森林公园、植物园、大型公园宜取自然式，道路、建筑广场、街心花园则以规则式为宜。

春夏季节，繁花打破了规整型印象而变成混合型庭园

规整的几何绿篱中种植自然形态的玫瑰，构成混合式园林景观

Chapter

第二章 风景园林制图基础

设计是人们发现问题、解决问题的一种独特的思考过程，是一种构想、计划。设计的构想是依赖于图纸而表现的，制图的规范化和标准化是准确表达设计意图的根本。制图的符号、范例种类虽然很多，但仍然有规律可循。园林制图是风景园林设计的基础，是每一个初学者必须掌握的基本技能。不懂制图的基本知识，就没法读图、识图，没法把设计意图准确地用图形的方式表达出来，更不可能实施和完成一项园林工程。因此，学习风景园林设计首先要学会园林制图的基础知识。

第一节 绘图工具与图纸

园林制图以国家建筑统一制图标准和规范为依据，是多年来在行业中已形成的正规的通俗易懂的图纸表现形式。尽管目前电脑普及程度很高，学习手绘制图仍是设计入门的基础，只有通过手绘制图才能了解制图的因果关系，更利于读图、识图、制图，以及今后的电脑制图设计。

常用的绘图工具有：制图板、丁字尺、0.3mm与0.5mm铅芯的自动铅笔、直角三角尺、曲线板、比例尺、圆规、圆形模板、擦图模板、量角器、橡皮、彩色铅笔等。

丁字尺的用法：丁字尺紧贴绘图板上下划动可画图纸中所有的平行线。若要画与平行线垂直的线，可在丁字尺上放直角三角尺，两者呈90度，从左至右可画垂直于平行线上的任何垂直短线。

两只自动铅笔备用，一支0.3mm笔芯的笔，一支0.5mm笔芯的笔，绘图是需要粗细线分开的，一般粗细两支笔就够用了。过去制图都用针管笔，现在基本不需要了。随着各种复印机的出现，铅笔绘制的图纸用复印机很快就能复制出来，用铅笔制图的好处是便于修改，画错了可以用橡皮擦去，不留痕迹。用不同粗细铅芯的自动铅笔绘图，可以方便而清楚地运用粗细线来表达图纸中的不同构建线型。用自动铅笔制图时一定要把笔杆垂直于图纸90度，这样标准的0.3mm直径笔芯自动铅笔绘出的直线就是0.3mm的细线，0.5mm直径笔芯的自动铅笔画出的线就是0.5mm的粗线。不论是什么制图，粗细线的区分是必需的，有时根据图纸的需要甚至还会出现三四种粗细线的制图。铅笔制图还需要注意的是画好的图纸不要被反复移动的丁字尺给模糊了，尽可能从上到下，从左到右地按顺序绘图，减少摩擦次数。为了保护画好的图面，可以在图纸上盖一层纸压在丁字尺下面，只露出要画的部分，这样可以减少摩擦，保证绘制的图面清晰美观。

圆形模板用法：使用圆形模板的好处是它画圆比圆规更加方便。圆形模板画建筑中的门尤其方便，按圆形模板的尺寸选择所要的门宽度，四分之一的圆弧就是一个单扇门的符号。双扇门则是画两个反方向的四分之一圆弧。用圆形模板画植物的平面图是最方便的，树冠的直径就是植物的平面符号，按尺寸选择圆形，在圆形内可以画出不同的植物平面符号。

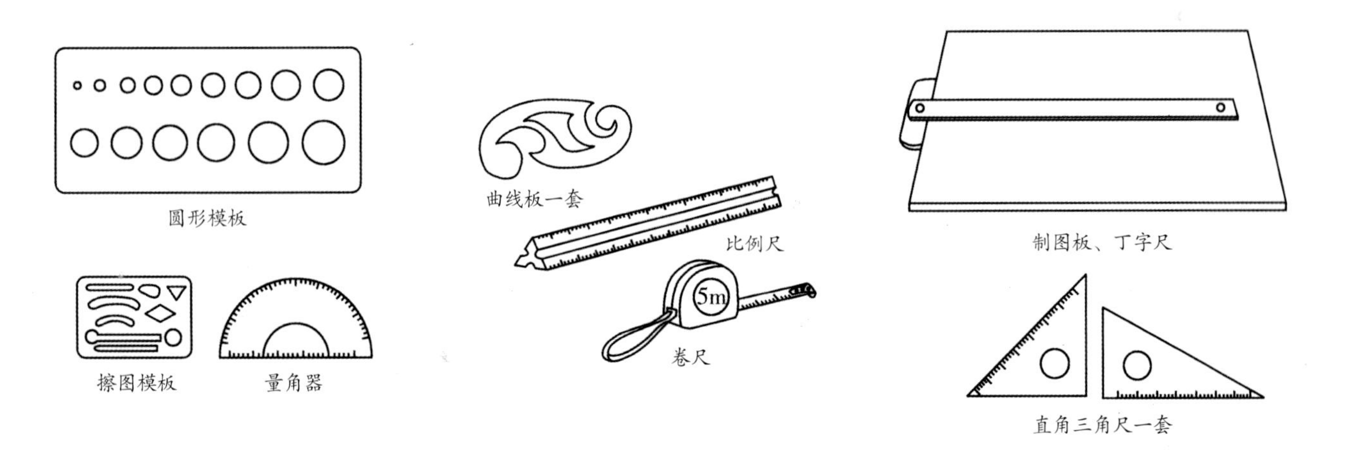

图纸幅面及图框尺寸

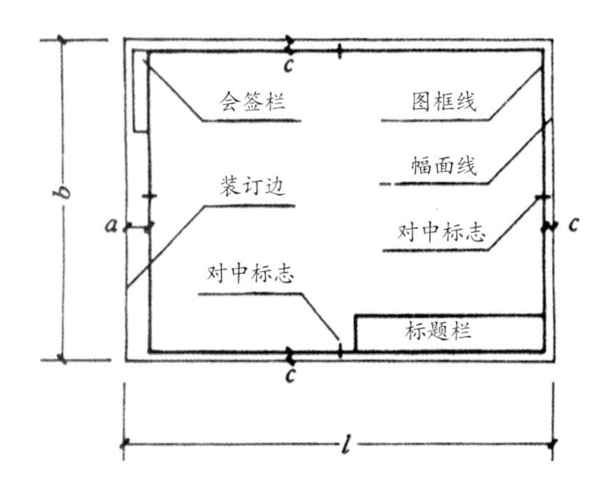

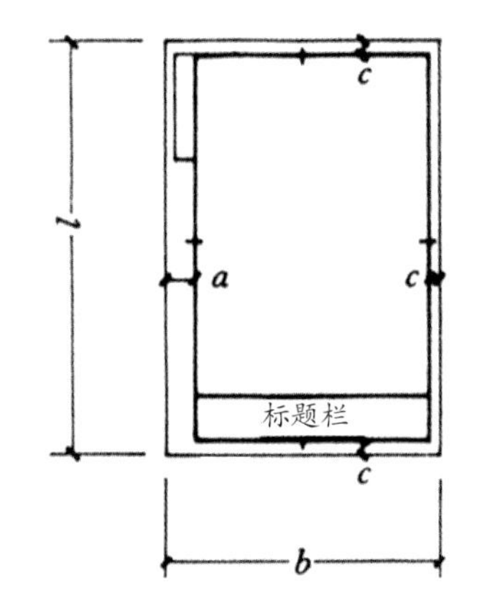

常用的图纸幅面规格：

幅面 A0 尺寸：841mm × 1189mm

幅面 A1 尺寸：594mm × 841mm

幅面 A2 尺寸：420mm × 594mm

幅面 A3 尺寸：297mm × 420mm

幅面 A4 尺寸：210mm × 297mm

常用简易图纸图框设计参考

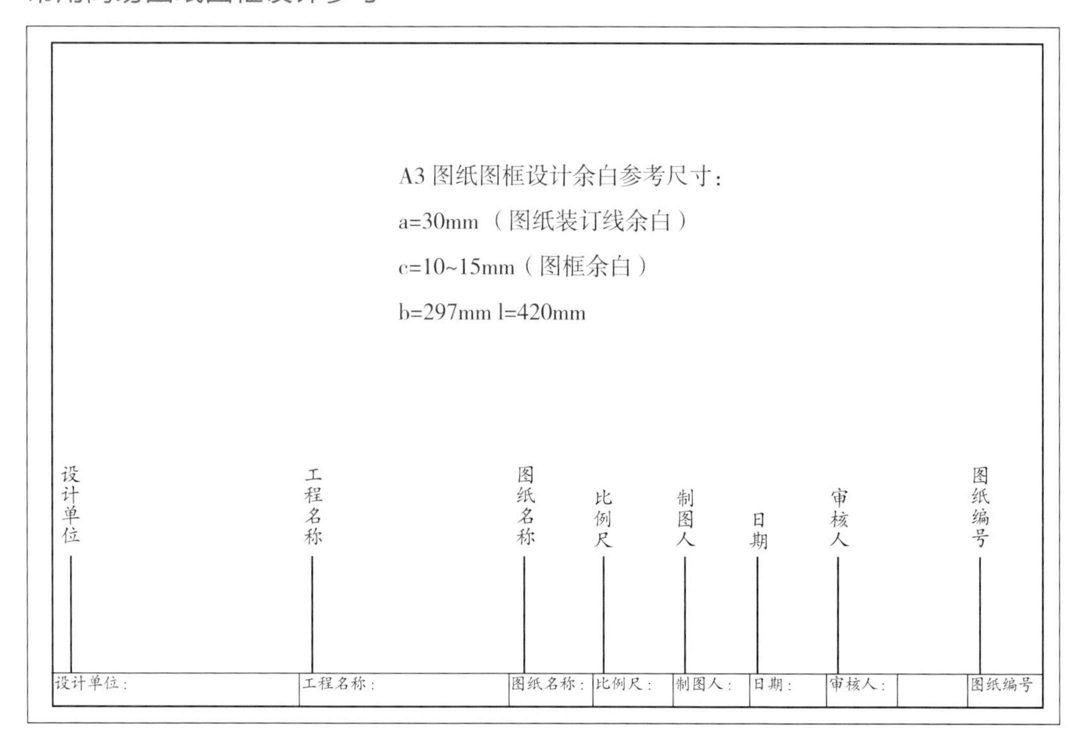

A3 图纸框设计参考例：

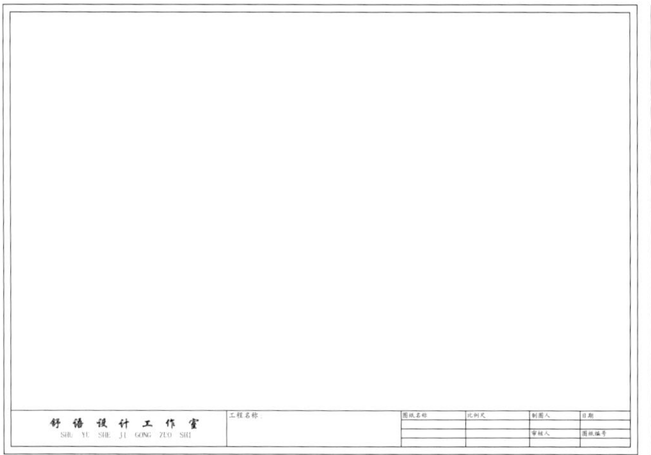

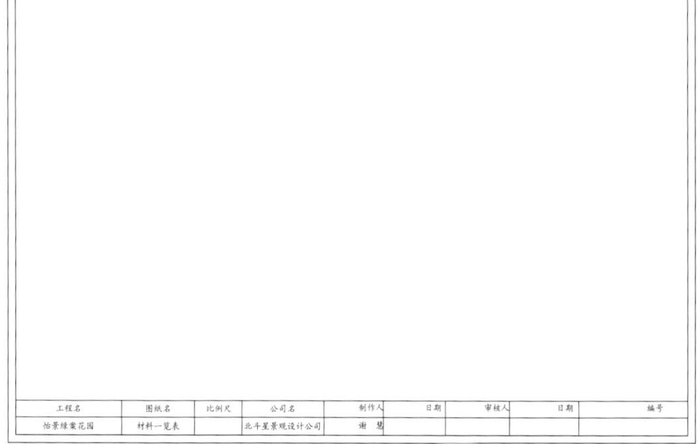

第二节 平面图画法

平面图也称俯视图，是表现平面形状的基本图形。平面图表现内容较多，大致可归纳为：a. 调查资料图（区域及邻近关系位置等说明）；b. 基本资料图（基地现状及特性等资料）；c. 实地调查分析图（基地、坡度、周边景观等分析）；d. 设计概念图(布局、功能等概念性内容)；e. 规划设计图（整体规划设计图、分解深入图、局部详细图等）；f. 设计分析图（功能区域分析图、车道步道分析图、人流分析图、视角分析图、植物配置图、公共设施分布图、景观节点分布图等）；g. 施工图（土木、建筑、水电、景观设施、植物配置等）。

1. 方位和比例尺

园林设计的平面图一定不能缺少方位，因为设计很多时候需要考虑到太阳升起和落下的景观影响。面朝阳光的地方与没有阳光的地方配置植物是不一样的，活动场所有无阳光对人的舒适度也不一样。园林设计时需要根据方位来设计的，方位的箭头一定是指北，无论绘制的图纸是朝哪个方向，方位指针方向都是朝北面。

绘制平面图时，首先面临的是选用多大的纸张和多大比例的尺度。制图板如果是 A1 尺寸，制图的尺寸一定是在 594mm × 841mm 的范围内。用菱形的比例尺量一下我们要画的园林平面图的长度和宽度，能否放进 A1 尺寸里。如果园林设计的平面图面积不大，一般选用 1:100 的比例尺比较适宜。如果 1:100 比例尺放不下所要画的长度或宽度的平面图，我们就要考虑是否用 1:150、1:200、1:250、1:300、1:500 的比例尺。注意，不是以放下平面图的面积为准，而是要以选择最适合的尺寸比例为标准。一般园林设计的图纸在 1:100 或 1:200 可达到比较好的设计效果，低于 1:100 的比例尺都是适合的，这里指的是常用的规范比例尺度，绝不是根据纸张和要画的平面图用计算器换算出，换算出的数字不是整数，甚至还会出现小数点，这都不是制图所用的比例尺。制图的比例尺是规范的、标准的。市场上卖的比例尺刻度有所不同，需要自己选择，有的尺度太大，有的尺度太小，一般园林设计常用的比例尺为 1:100、1:200、1:300、1:500（见图）。常用的这几个刻度的比例尺还可以被用在 1:10、1:20、1:30、1:50 的制图中，方法就是在 1:100、1:200、1:300、1:500 的标尺上去掉一个“0”，也就是原来 10 米的地方变成了 1 米，20 米的地方是 2 米……，以此类推。大比例尺寸由百位比例变成了 10 位比例，虽然比例尺的数字缩小了，其实是放大了 10 倍，离实际尺寸更近了。

由于复印机的普及，工作中经常会出现图纸几经转折后被放大或被缩小了的情况，如果不注意尺寸的规范标注，很容易引起误读图的现象发生。如：原图纸上不画实际比例尺，只写 1:100 的设计图纸，结果经过放大或缩小的图纸上写的 1:100 始终不变，这必然会引起尺寸的误读，进而影响到整体设计。因此我们提倡用画标尺的方法来表示比例尺寸。标准比例尺的画法是在原制图设计时，用你画的比例尺画出你图纸上的 1m、5m、10m（数据大小和制图面积大小有关）的标尺，这样原始图纸无论怎样放大缩小，都不会影响图纸内所表达物体的实际尺寸，也不会发生误读带来的设计影响，因为图纸的放大缩小和标尺是同步变化的。

制图常用比例：

1:1　1:2　1:5　1:10　1:20　1:100　1:200

1:300　1:500　1:1000　1:2000　1:5000

制图可用比例：

1:3　1:15　1:25　1:30　1:40　1:60　1:150

1:250　1:400　1:600　1:1500　1:2500　1:3000

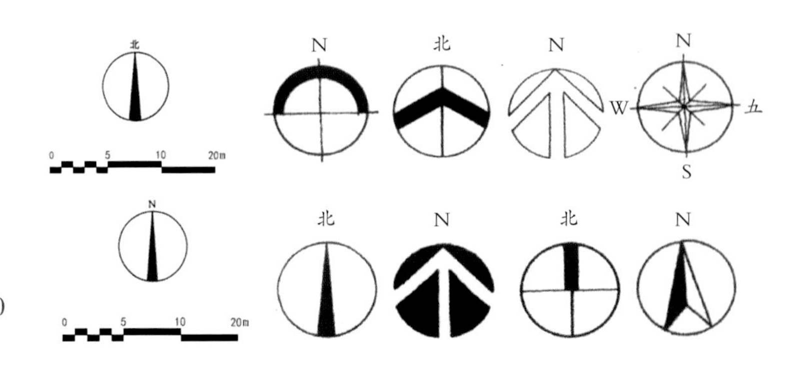

2. 尺寸标注

尺寸标注一律以 mm 为单位，标注尺寸时，不需在数字后面加任何单位，一律阅读为毫米。这样可使图面简洁明了。

1）尺寸线的标法

尺寸线及尺寸界限应以细实线绘制，尺寸起止符号的斜短线应以中粗线绘制。尺寸数字宜注写在尺寸线读数上方的中部，相邻的尺寸数字如注写位置不够，可错开或引出注写。

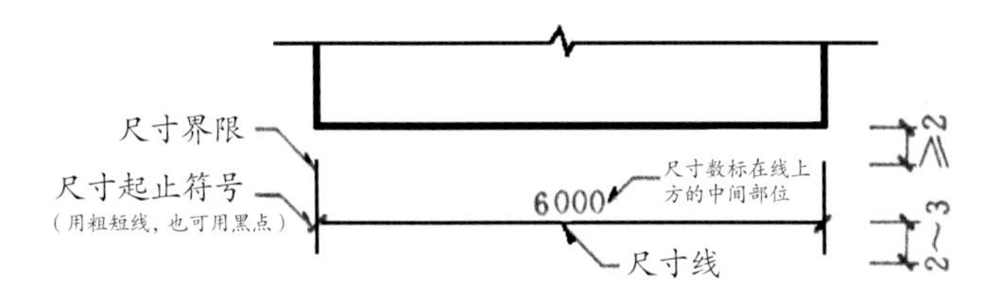

2）平行尺寸的层次标法

互相平行的尺寸线的排列，要从图样轮廓线向外，先小尺寸和分尺寸，后大尺寸和总尺寸，由小到大，不可颠三倒四。

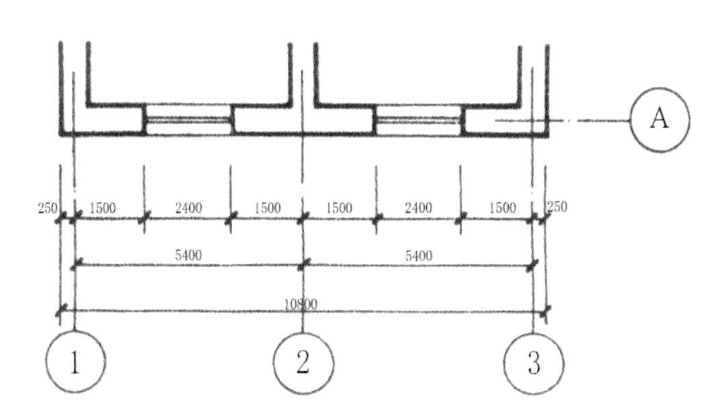

3）尺寸标注方向

尺寸数字横向标注时，数字从左到右排列；垂直方向的标注，数字由下至上排列；阴影部分是避开不标尺寸的范围；斜标尺寸时，按照下图位置方向，准确标注尺寸。

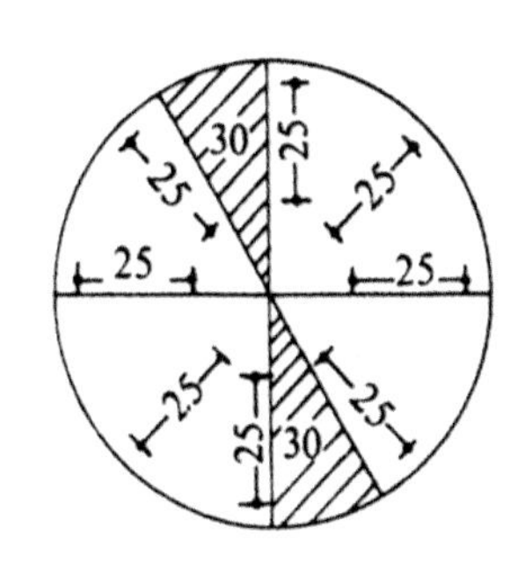

4）半径与直径的标注方法

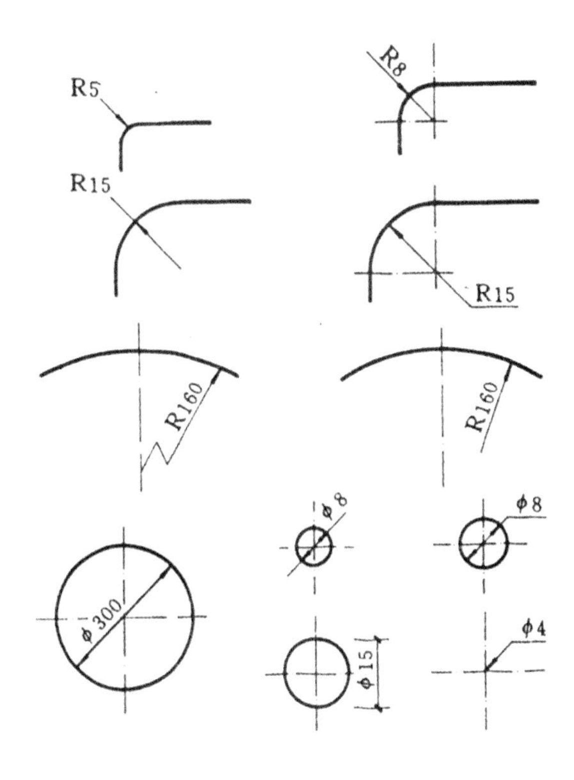

平面图标高案例

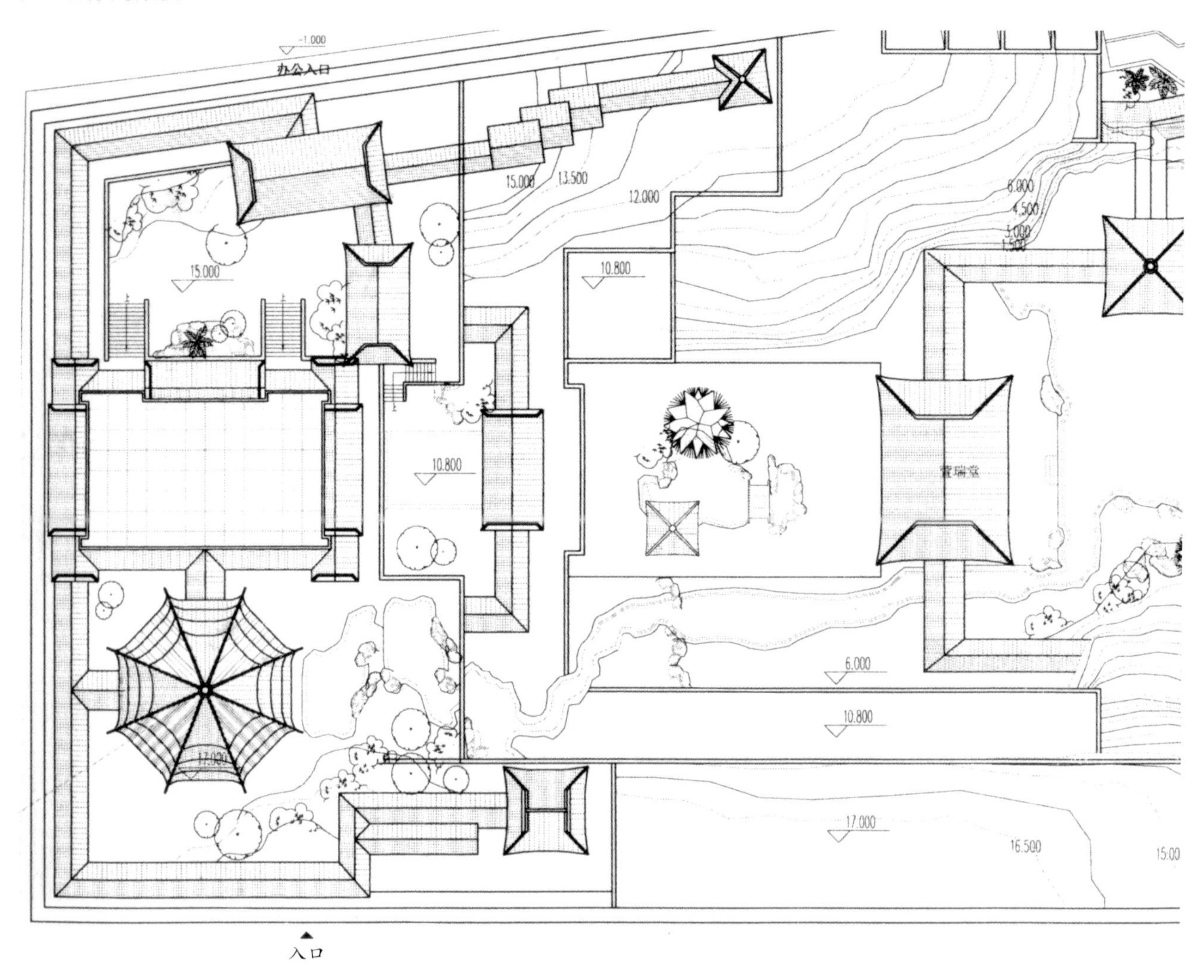

3. 定位轴线的编号

定位轴线是建筑物中承重构件的定位线，是确定房屋结构、构件位置和尺寸的基准线，也是施工中定位和放线的重要依据。在施工图中，凡承重的构件，如基础、墙、柱、梁、屋架都要确定轴线，并按“国标”规定绘制并编号。定位轴线采用细点划线表示，一般应编号，轴线编号的圆圈用细实线，直径 D 为 8mm，在圆圈内写上编号。水平方向的编号用阿拉伯数字按从左至右顺序编写。垂直方向的编号，用大写拉丁字母按从下至上顺序编写。应该注意的是，拉丁字母中的 I、O、Z 不要编入轴线号，以免与数字 1、0、2 混淆。定位符号的标注还有一个功能是可以根据图纸找到施工部位。

1）一般定位轴线的注法

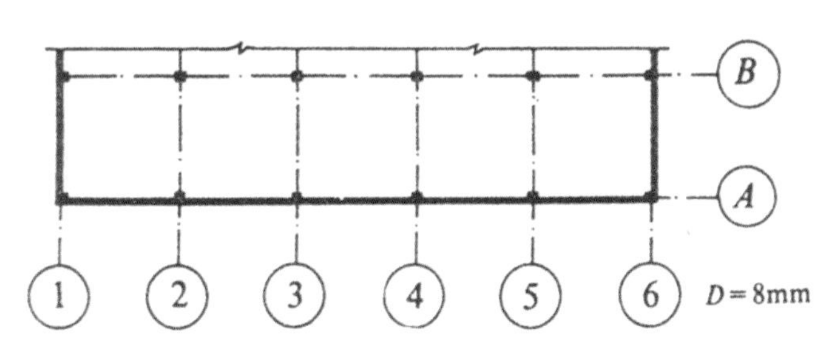

2）个别定位轴线的注法

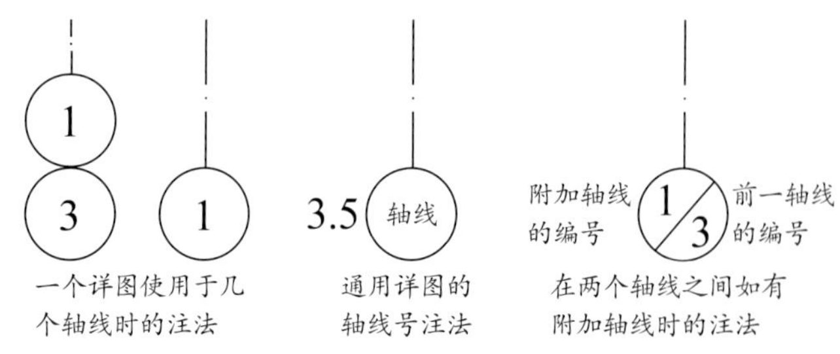

设计平面图中定轴线标注案例：

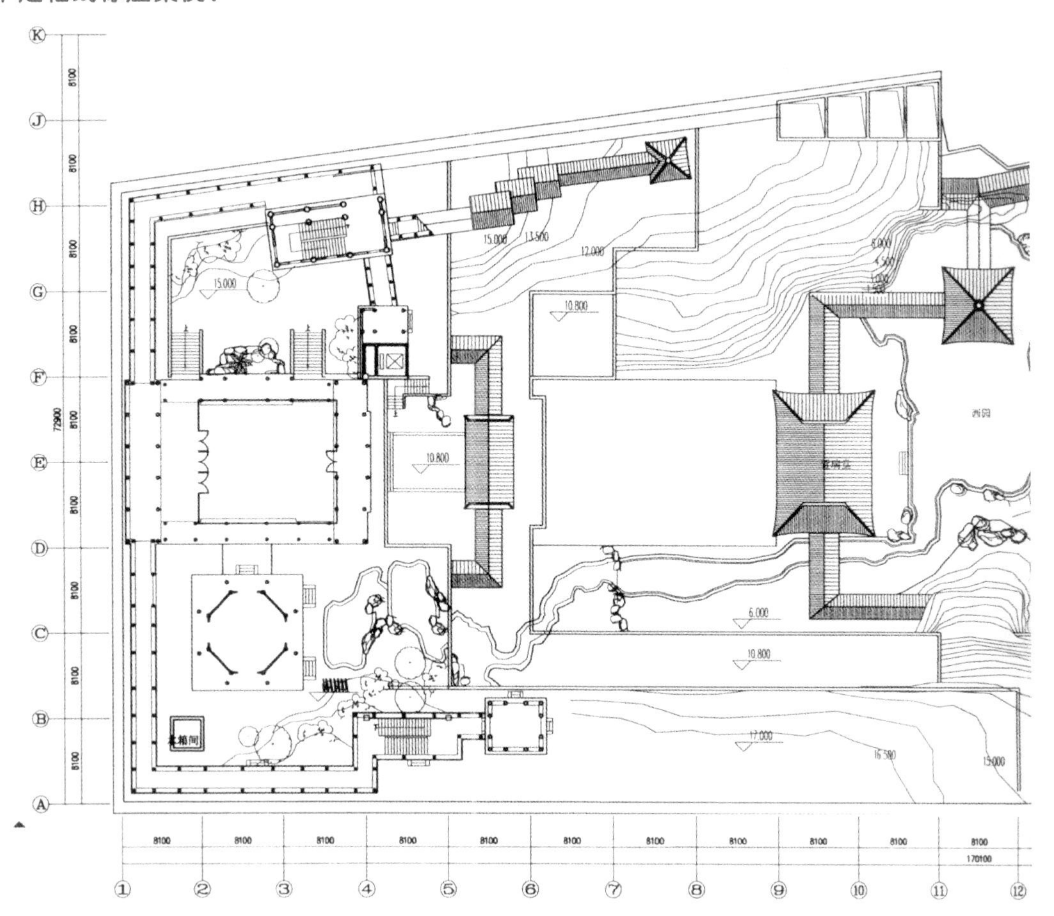

4. 园林工程制图常用线型

常用的线型

名 称	线 型	线 宽	用 途
粗实线	━━━━━	≥ b	1. 平、剖面图中被剖切的主要建筑构造（包括承重墙等）轮廓线 2. 建筑立面图的外轮廓线 3. 建筑构造详图中被剖切的主要部分的轮廓线
中实线	─────	0.5b	1. 平、剖面图中被剖切的主要建筑构造（包括构配件）轮廓线 2. 建筑平、立、剖面图中建筑构配件的外轮廓线 3. 景观等剖、立面图的土地层面线
细实线	─────	0.3b	小于 0.5b 的图形、尺寸线、尺寸界限、图例线、索引符号、标高符号等
中虚线	━ ━ ━ ━ ━	0.5b	1. 建筑构造及建筑构配件不可见的轮廓线 2. 建筑平面图中的轮廓线 3. 拟扩建的建筑轮廓线
细虚线	─ ─ ─ ─ ─	0.3b	小于 0.5b 的被遮挡的轮廓线
细点划线	─ · ─ · ─	0.3b	中心线、中轴线、对称线、定位线、边界线等
折断线	──╱╲──	0.3b	不需画全的断开线，构建断开，墙体等断开以及省略断开线

不同线型在平面图上的运用例：

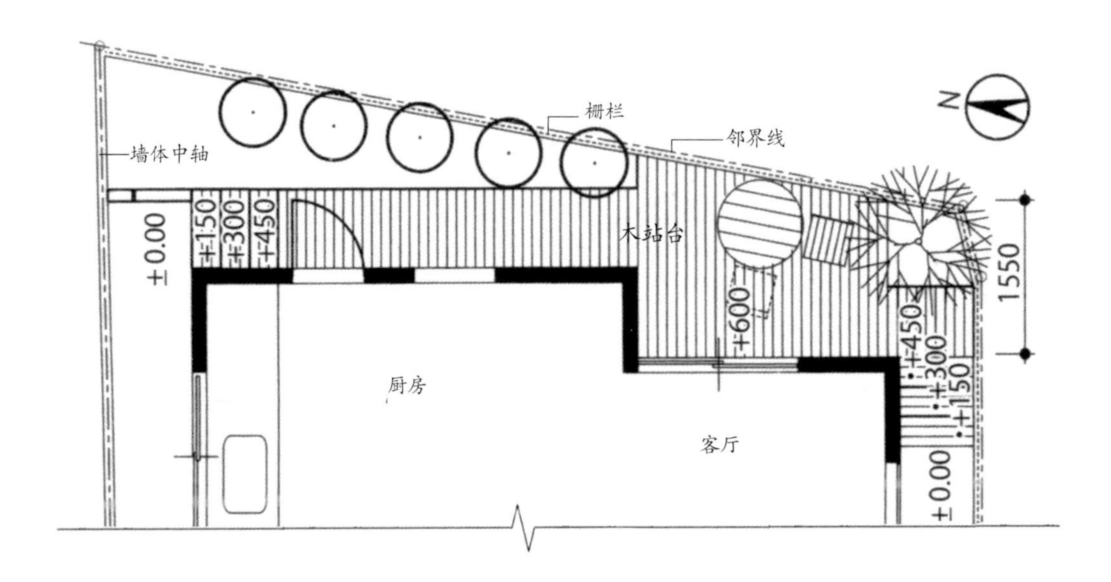

5. 园林建筑平面图常用的符号

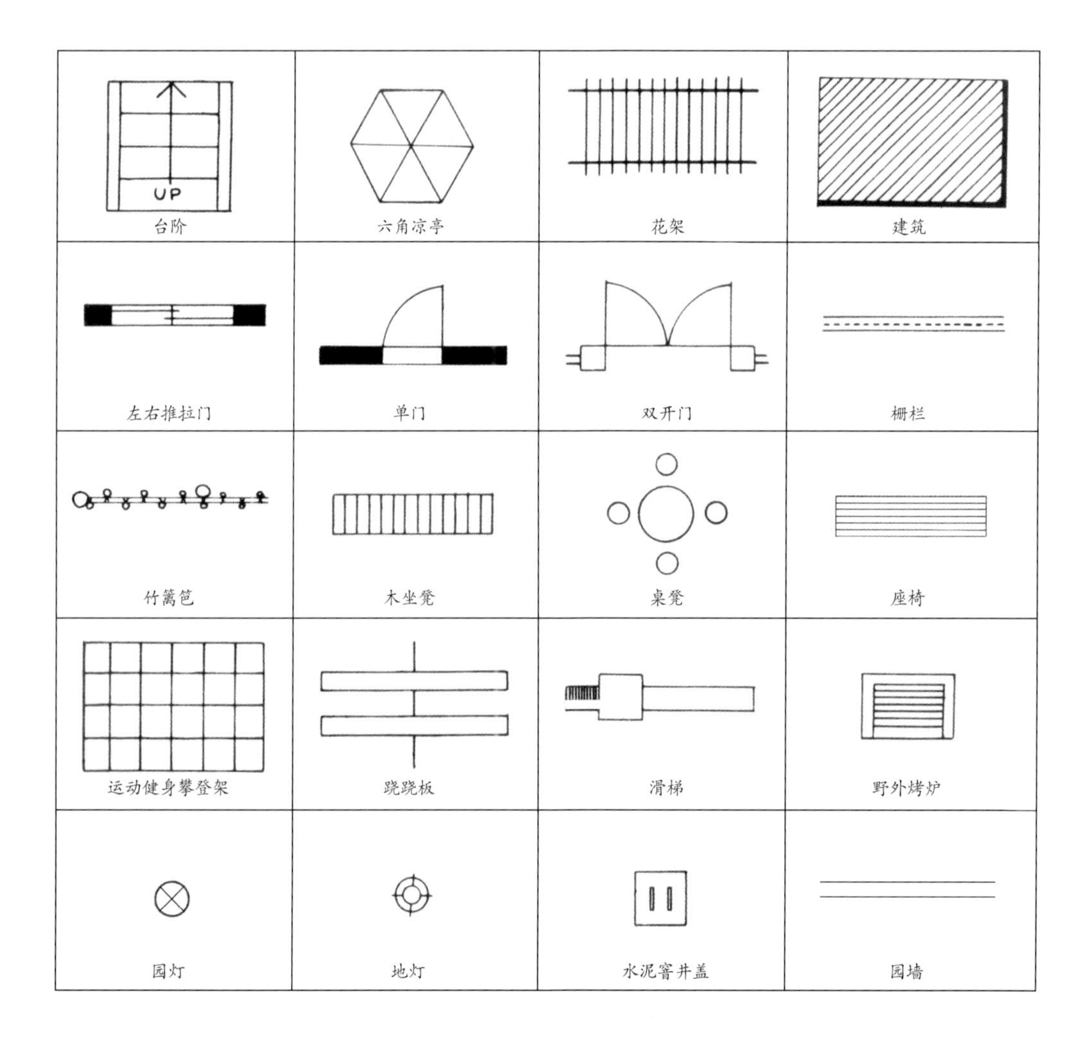

6. 园林各种材料铺装小道平面图

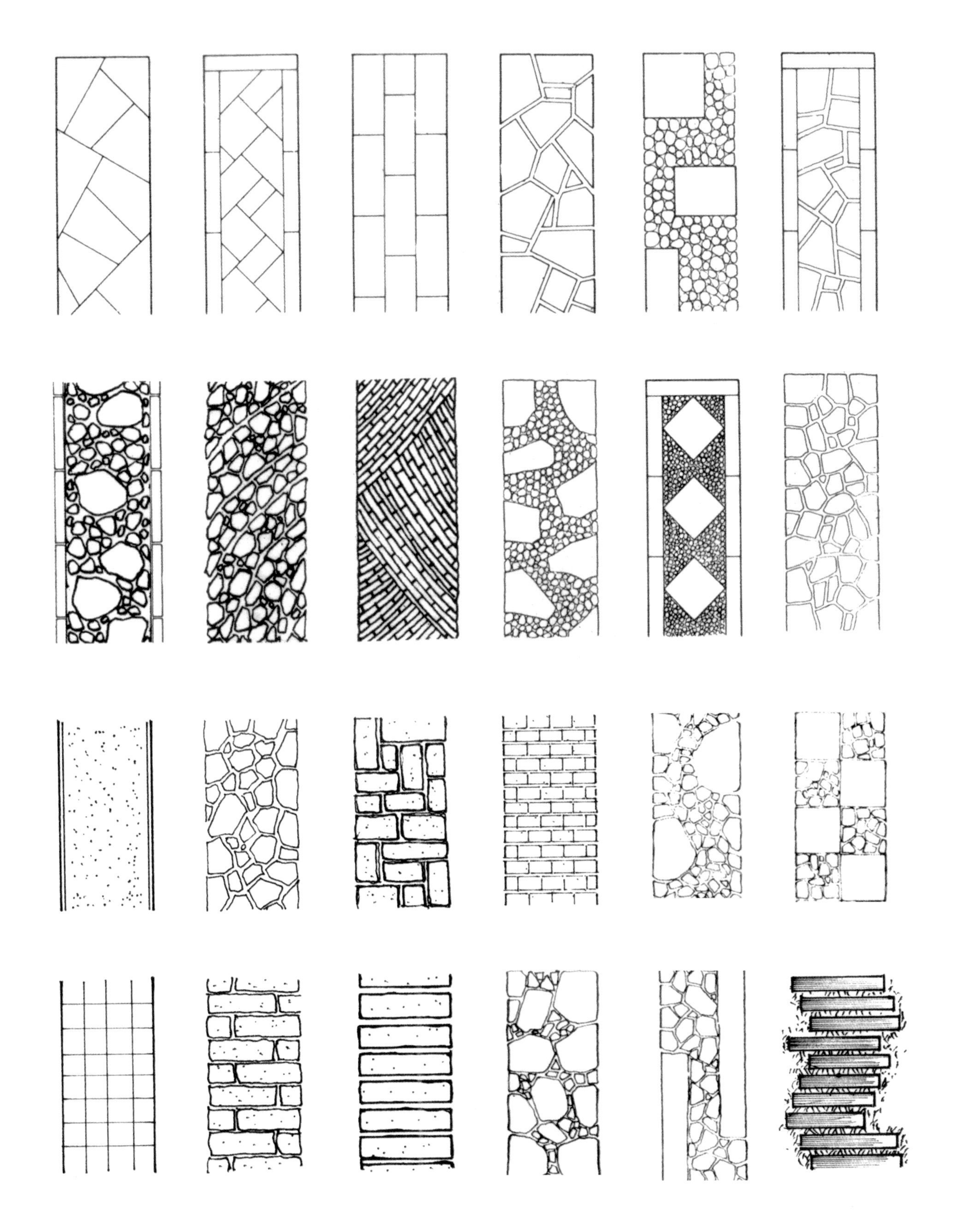

7. 停车场平面图画法

1）纵向停车尺寸

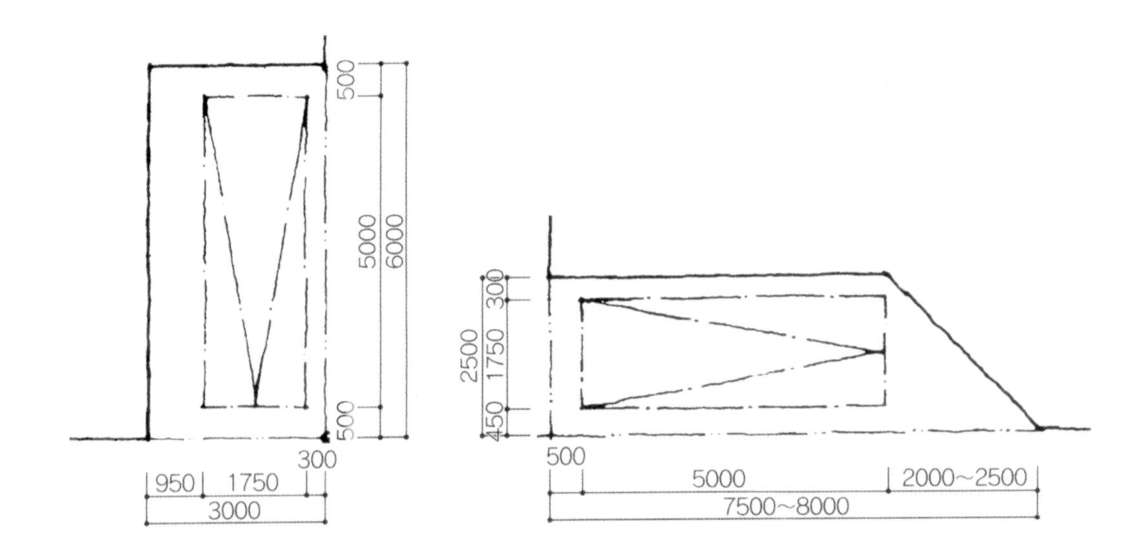

2) 与乔灌木结合配置的停车场例

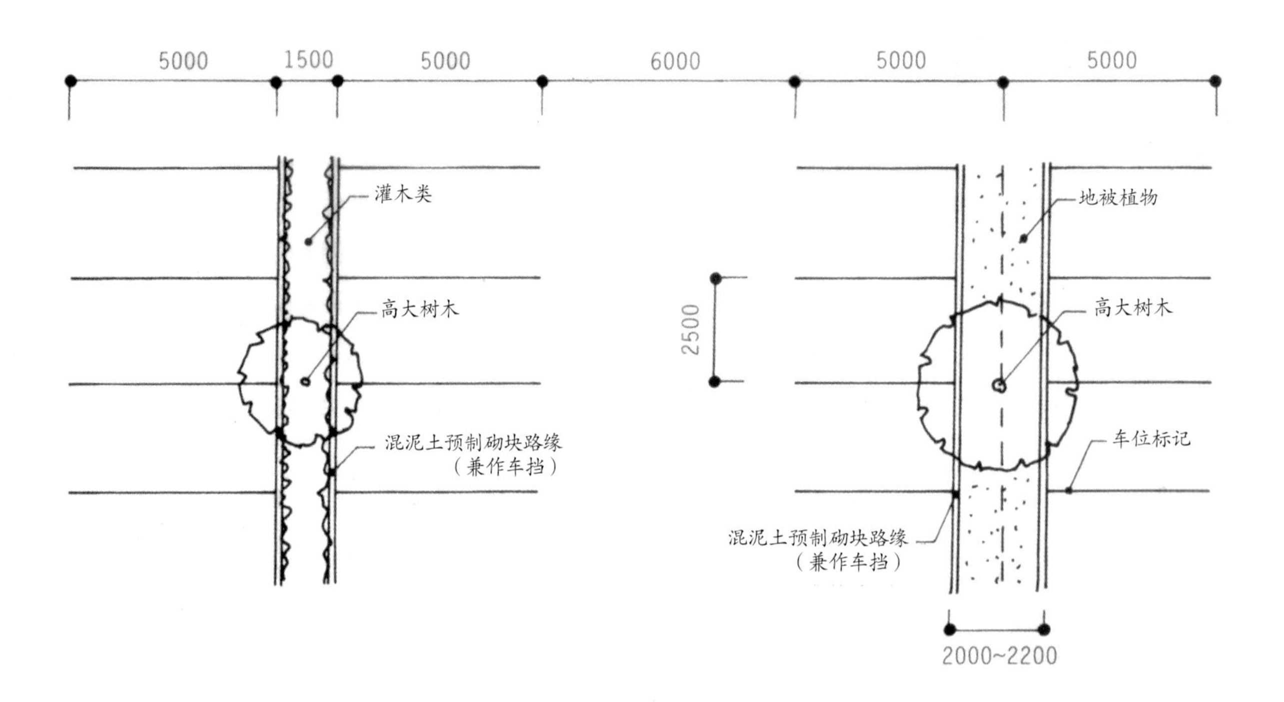

8. 园林植物平面图常用符号

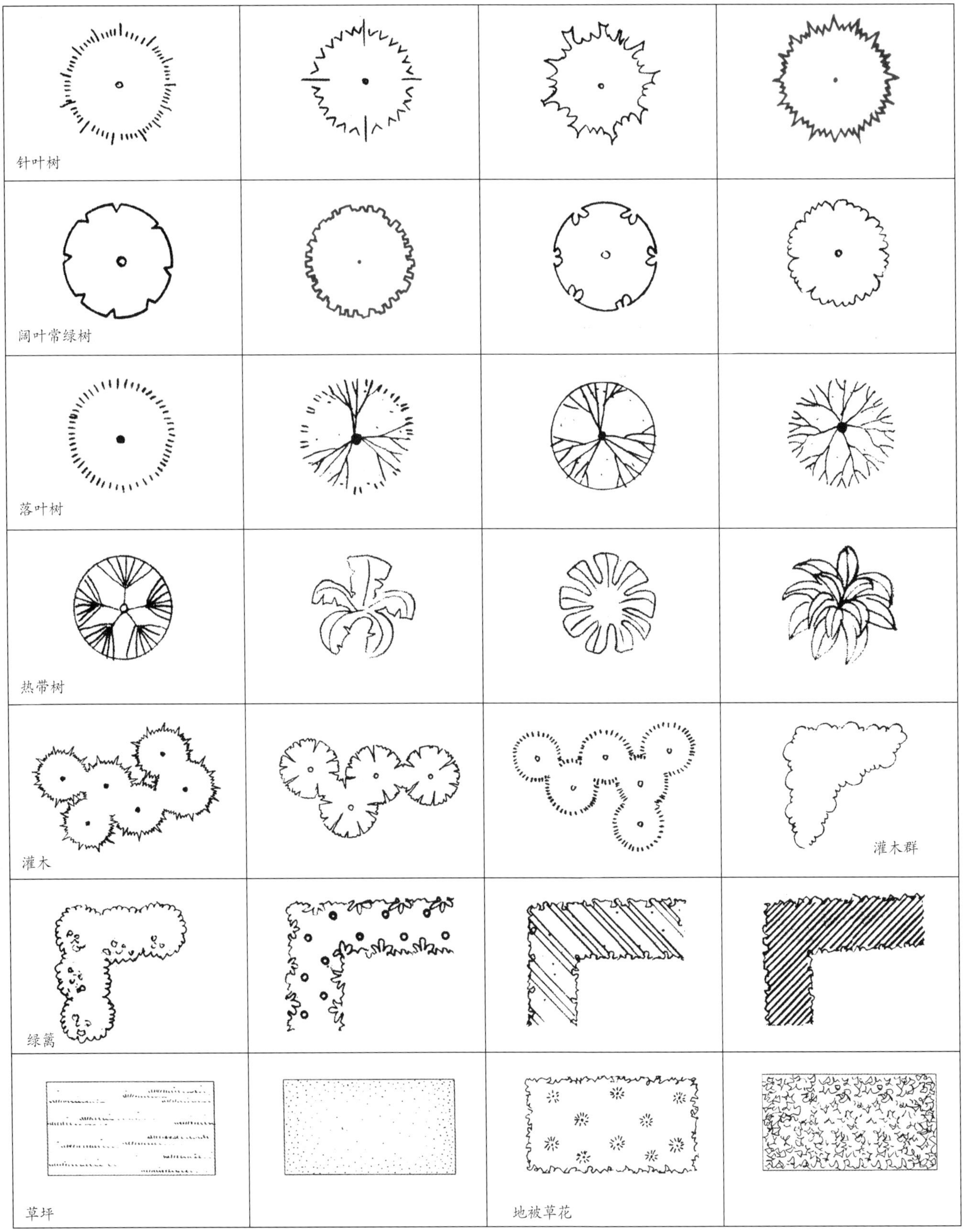

针叶树

阔叶常绿树

落叶树

热带树

灌木

灌木群

绿篱

草坪

地被草花

9. 功能分区规划布局图例

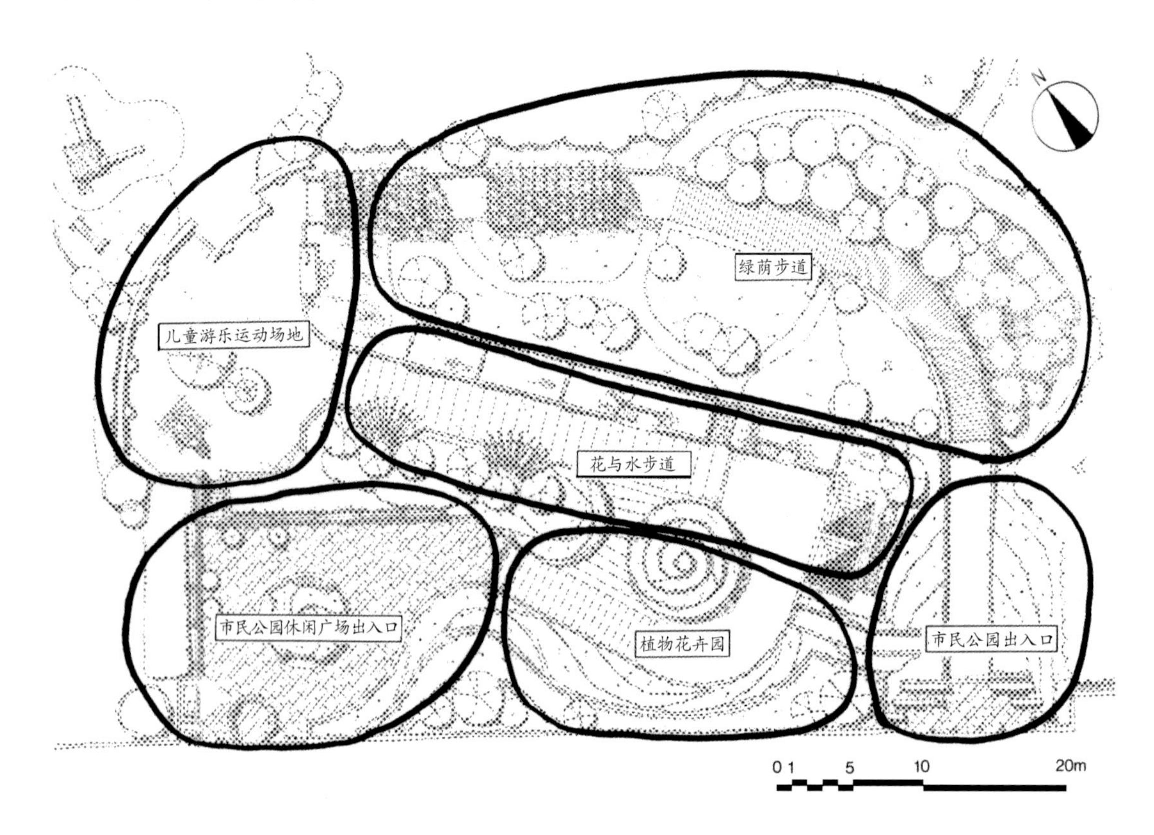

10. 常用园林规划平面图例

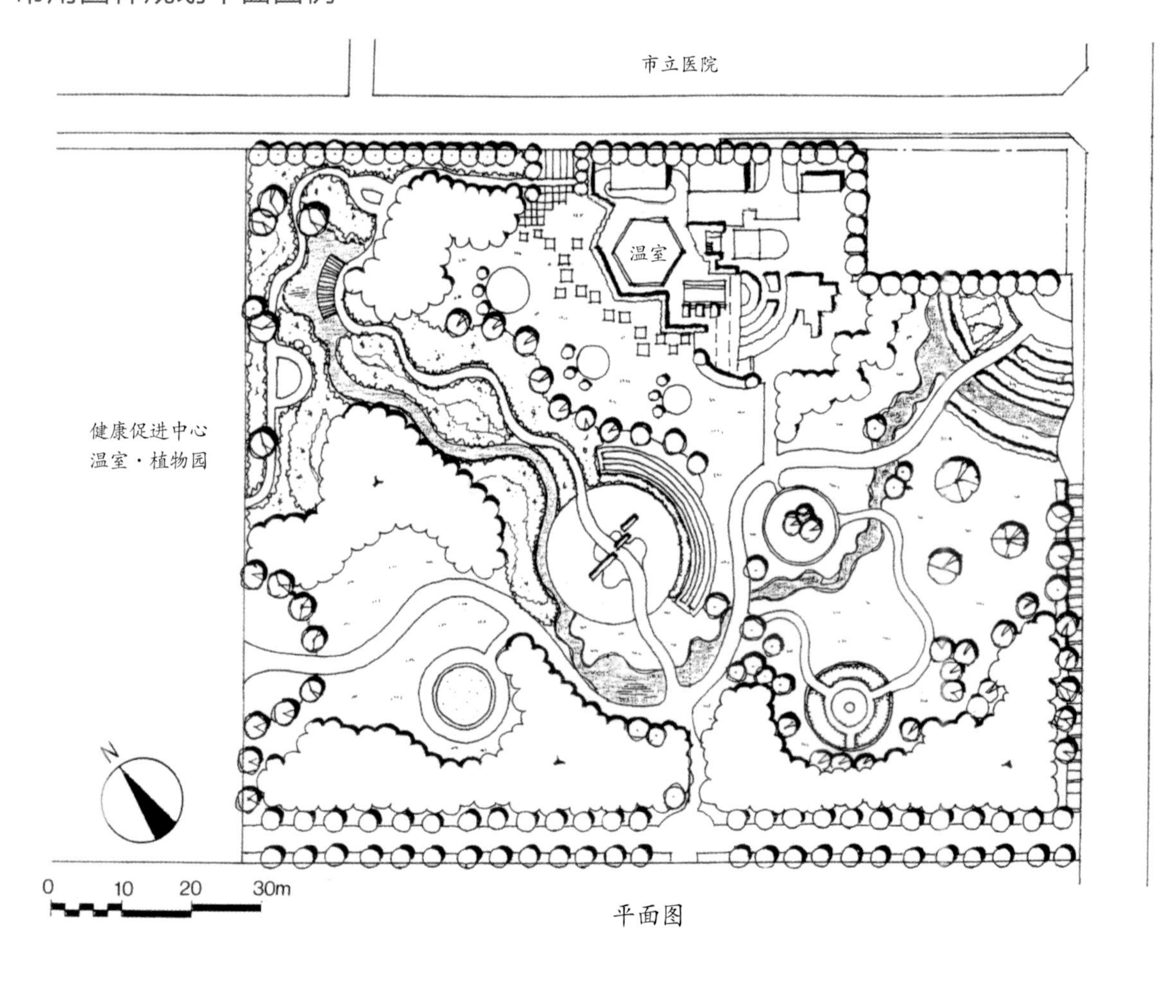

平面图

11. 常用私家花园设计平面图

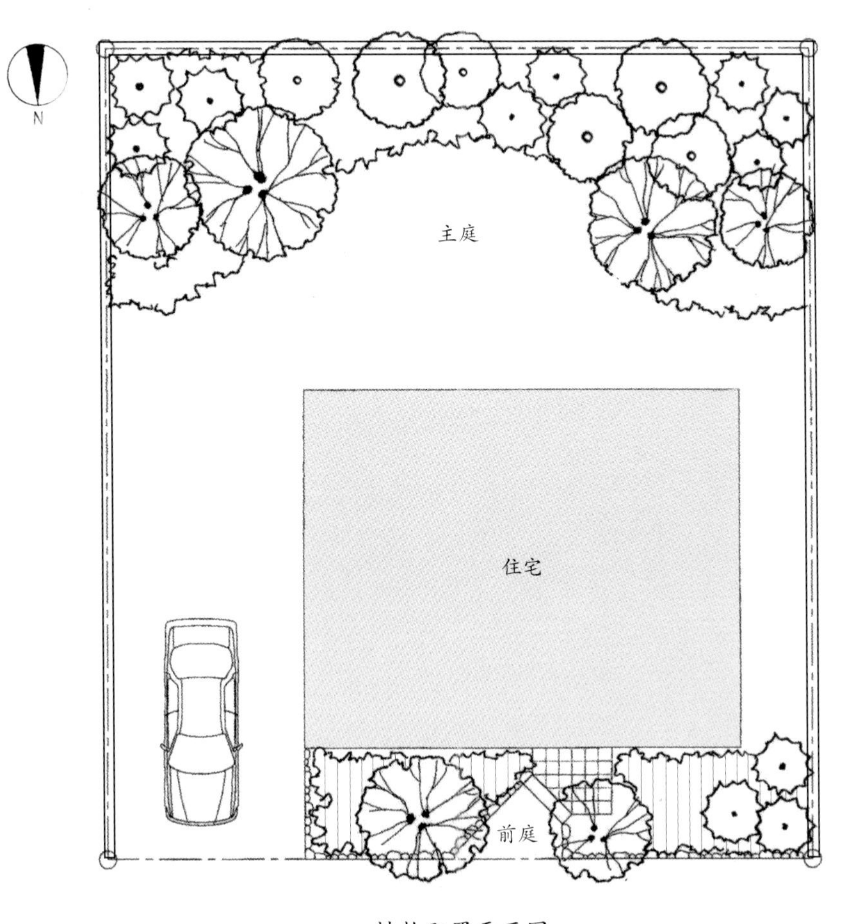

植物配置平面图

植物配置一览表

符号	名　　称	树高（m）	胸径（m）	树冠（m）	单位	数量	备　　注
	桂花	3.0			棵	6	
	木槿	3.0	分株 3~4 棵		棵	6	粉红花 2、玫红花 2、白色花 2
	山茶花	1.8		0.5	m	11	
	杜鹃花密植	0.3		0.3	m^2	120	12 株 / m^2
	富贵草密植	0.1			m^2	50	密度 144 株 / m^2

第三节　剖、立面图画法

建筑的内部是由长、宽、高三个方向构成的一个立体空间，称三度空间体系。要在图纸上全面、完整、准确地表示它，就必须利用正投影制图，绘制出空间界面的平、立面各种视图。

正投影制图能够科学地再现空间界面的真实比例与尺度。就像是一个被拆开的方盒子（1 是平面、2 是顶平面、3 ~ 6 分别是四个立面）。在每个界面上纵横切割所呈现出来的截面，就是我们所说的剖面与节点。

理解了正投影与图形生成的关系，就可以对一个具体的立体实物用不同的视图来表现。反过来说，通过看不同面的视图表现，我们也能判断出物体的立体效果。

1. 正投影图

H1　V　W　W1　V1　H

W1：右侧视图　W：左侧视图　V：正视图　V1：后视图　H：附视图　H1：底视图

（a）空间状况

三视图来由解析

正立面图　左侧视图

平面图

（b）三视图

三视图标准画法：

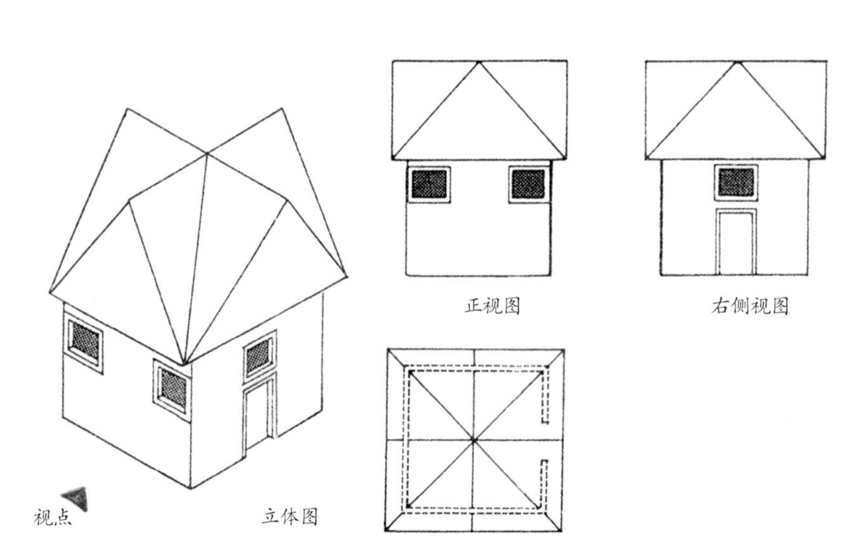

画三视图的顶视图（即平面图）一定要放在正视图的下方，因为正视图的宽和顶视图的宽一致，正视图是由顶视图的形状拉高而形成，它们之间是有尺寸关系的；右侧视图必须放在正视图的右侧，因为侧视图与正视图的高度是一样的，是物体高度的侧面显示。一般用三视图能将立体实物表现得很清楚时，就不会再画多余的四、五、六视图。能用二视图可以清楚表达物体时也不会用三视图。因此这要具体情况具体对待。如圆柱形，它的正视图与侧视图完全一样，只要画二视图就可以了，没有必要画多余的侧视图。

2. 剖面图

1）剖面图在平面图上的标注位置与方法

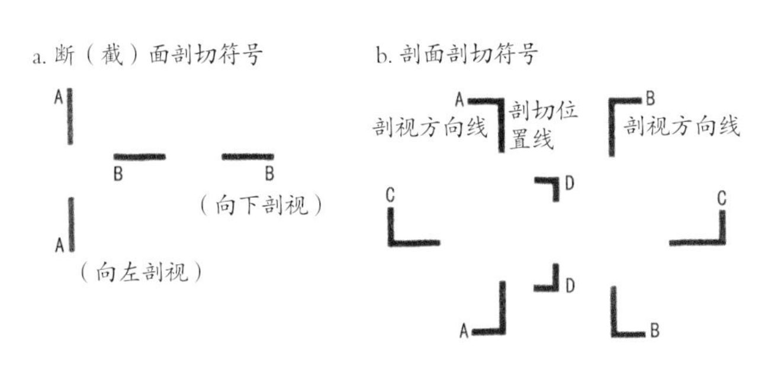

2）剖面图在平、立面图中的画法

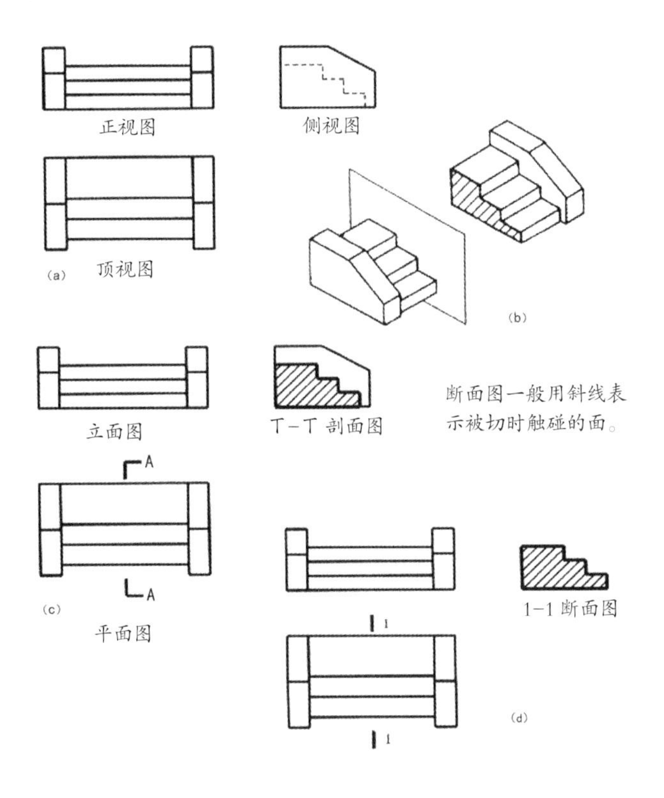

3）层面的标注

层面的规范标注是在层面中引出一根线，在这根线上由上至下分别标出层面的材料内容，这种方法表达清晰、简洁美观。

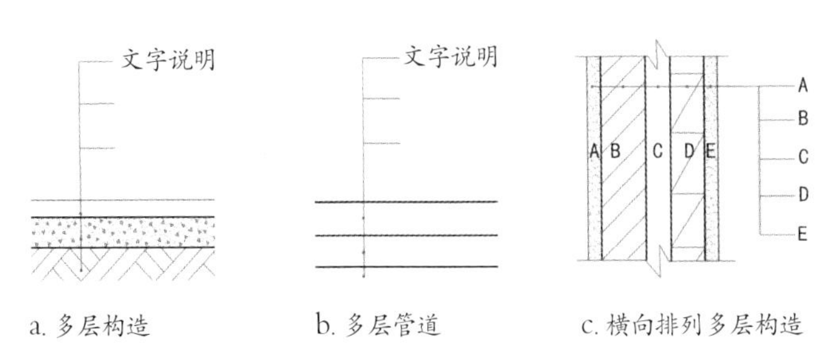

铺装施工剖面图例

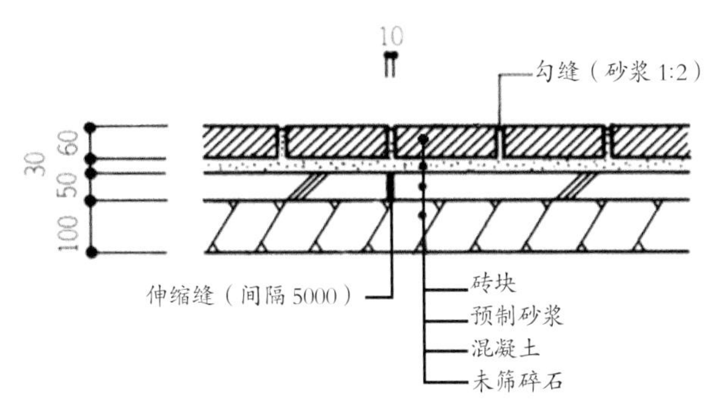

① 人行道等平砌砖路面

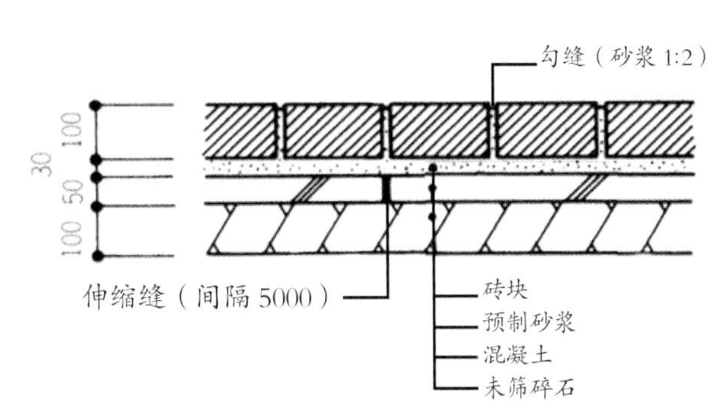

② 人行道等竖砌砖路面

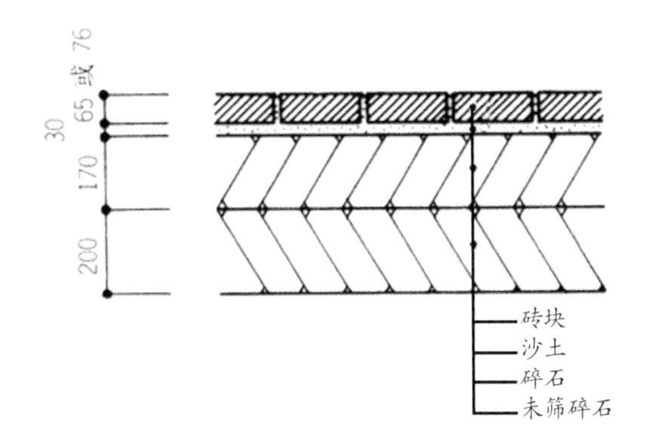

③ 大型车辆停车场的地面剖面详图

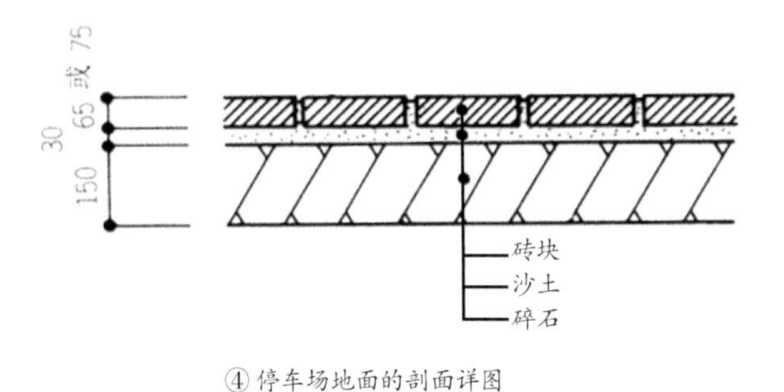

④ 停车场地面的剖面详图

4）坡道的标注

坡道的标注在立面图上很容易看清坡道的倾斜度，平面上一般只标指向倾斜的方向箭头和百分之多少的坡度。

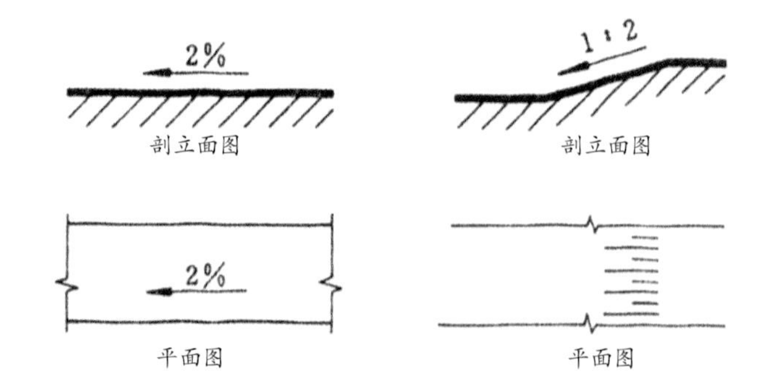

5）标高

标高一般注到小数点以后第二位为止，如 20.00，3.60 及 -1.50 等。国外的阶梯标高仍然是以 mm 为单位（下图）。这种标注简单，一目了然，值得采用。

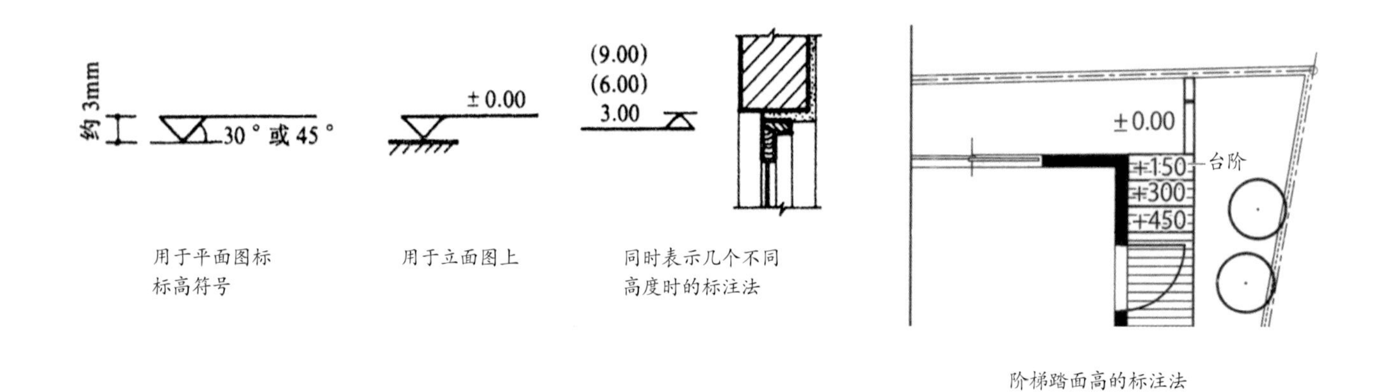

用于平面图标标高符号

用于立面图上

同时表示几个不同高度时的标注法

阶梯踏面高的标注法

6）园林工程常用的剖面符号

使用材料	图　例	使用材料	图　例
地　基		混凝土	
碎石、毛石		砂砾石	
砂　浆		石　材	

7）剖面图的尺寸标注（挡土墙施工图范例）

剖面图运用较广，特别是表现内部构造或地下层面构造时常常使用，园林设计常用的剖面图大致有以下几种：a. 分析用剖面图；b. 设计用剖面图；c. 施工用剖面图。

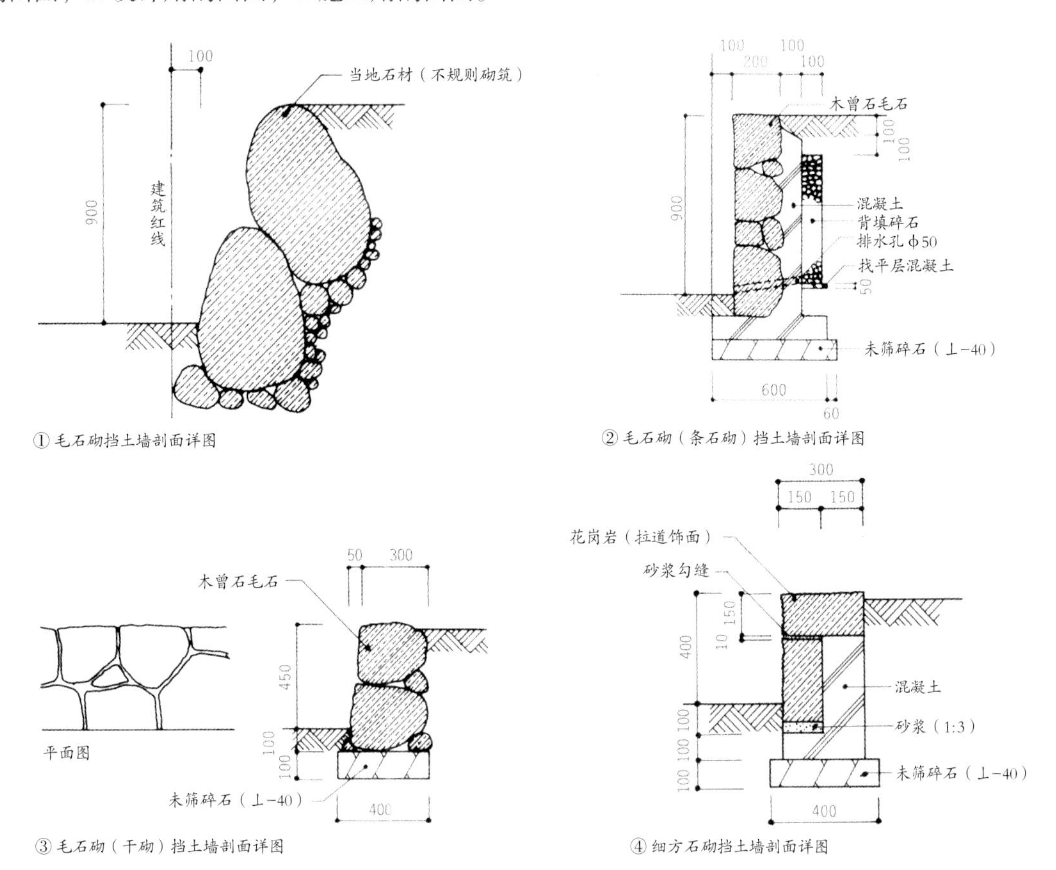

① 毛石砌挡土墙剖面详图

② 毛石砌（条石砌）挡土墙剖面详图

③ 毛石砌（干砌）挡土墙剖面详图

④ 细方石砌挡土墙剖面详图

8）小溪水景施工图参考例

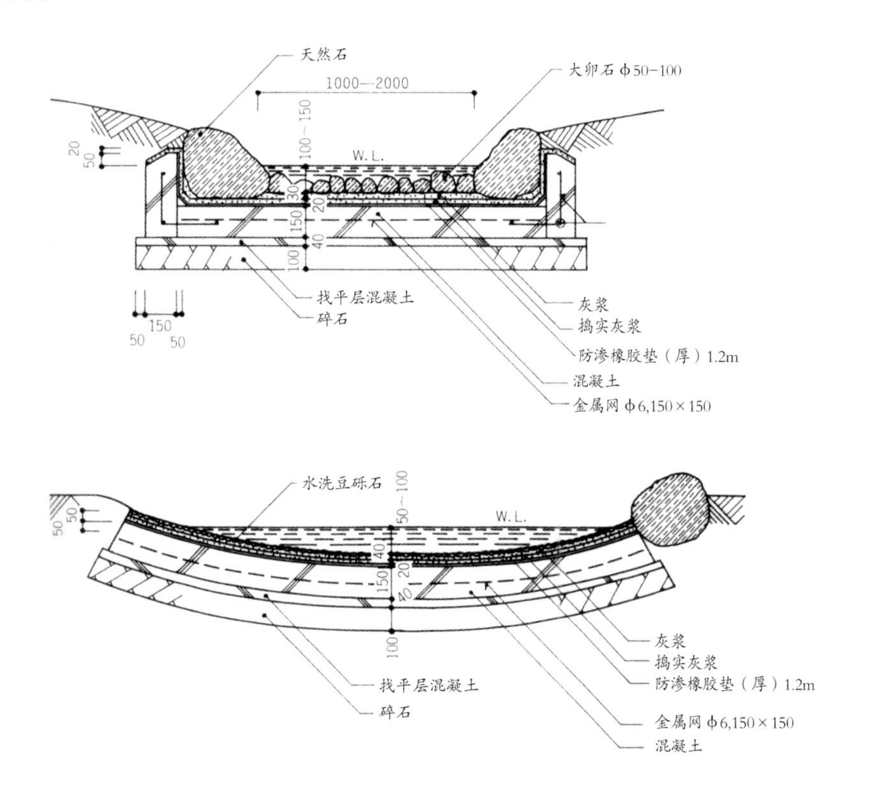

3. 立面图

平面图的表现有一定的局限，只能表示俯视看到的图形，却没法表示图形中的高度。而立面图的特长正是可以弥补平面图的这一缺陷。立面图的制作必须依赖于平面图的形状，只要物体有高度，在平面图的有关形状和数据下拉高就可以画出同等高度的立面图形来。其实三视图中的正视图也就是立面图。

画立面图时，首先要决定在平面图上截取哪一段作为设计中需要表现的立面效果和高度，然后在平面图上标注截断的位置 A–A 的断面符号。如本页左下图，画立面图的树木的高度，必须沿着平面图植物的所栽位置拉高，这样不同高矮的树也就确定了。树冠有多宽，也一样照平面图的植物符号的树冠宽度往立面图里画出同等的树宽。依此顺序将平面图中有关形状的高度都引伸进了立面图内，立面图也就逐步完成。画完后，一定要标注上“A–A 立面图”，这样立面图是从平面图哪个角度截取的，也就一目了然了。

剖面图一般指被切割后显现的断面图像，没被切割到的部分，靠近切割线前一段依然能看到的则是立面图像，如果把剖面和立面在一个图形中完整地表现出来，那么这样的图形则称为剖立面图。

4. 植物的平立面画法

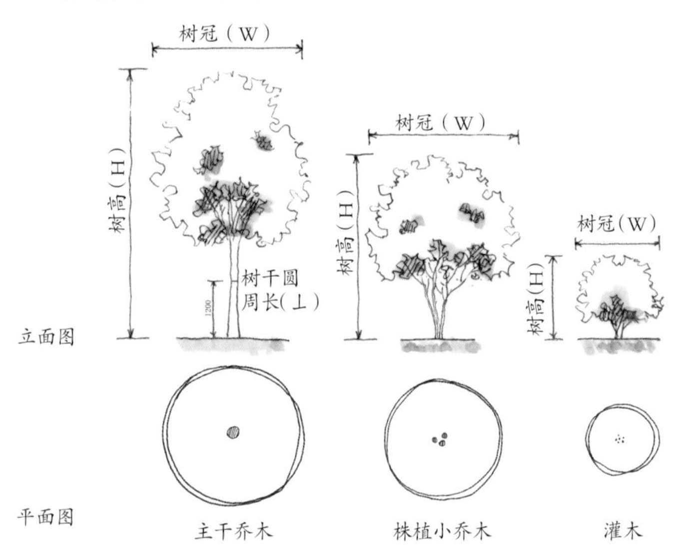

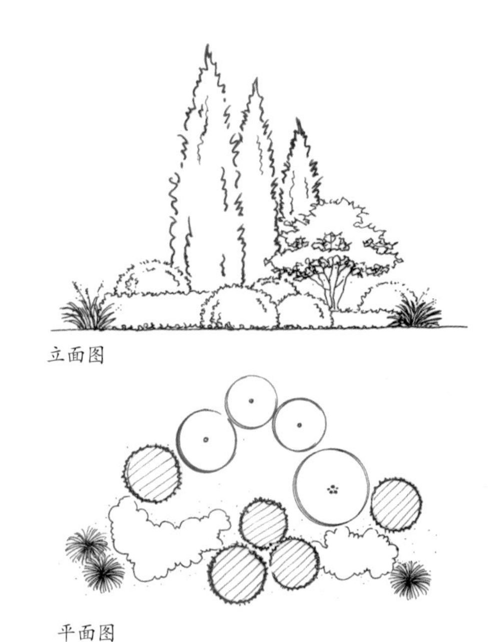

1）立面图前景画法解析

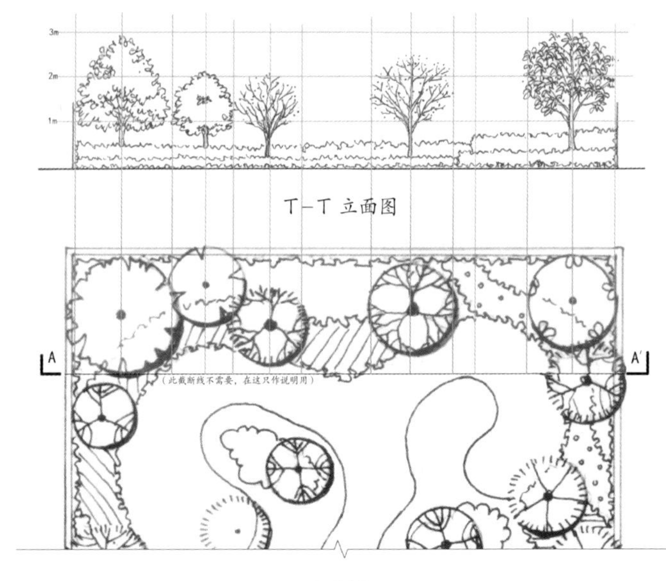

平面图

植物配置剖、立面图

2）立面图的透视画法——除表现切割线的剖面外，也将后面的景象以透视方法表现出来

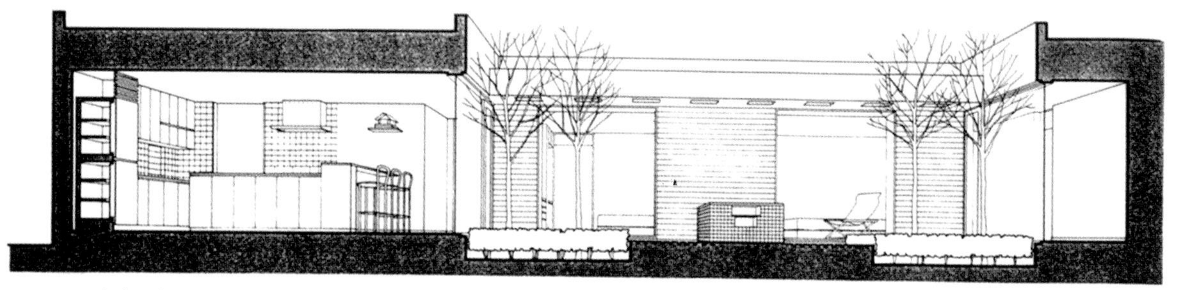

△ 一点透视断立面图

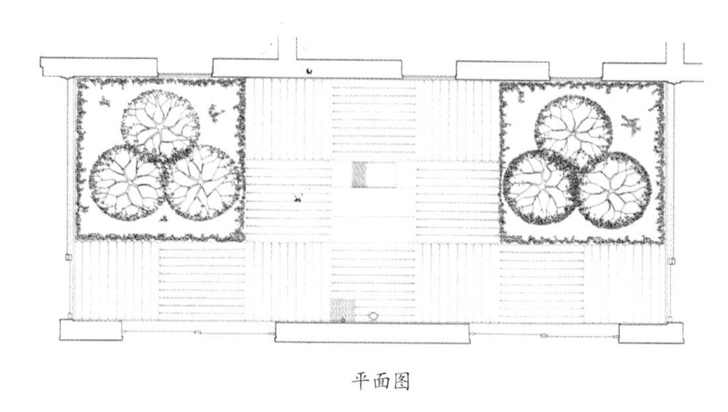

平面图

3）立面图的前后景结合画法——不仅表现切割线的剖面，也表现背后的意向

4）立面图表达地势高低的画法——表现切割线上可见的有关立面关系的物体

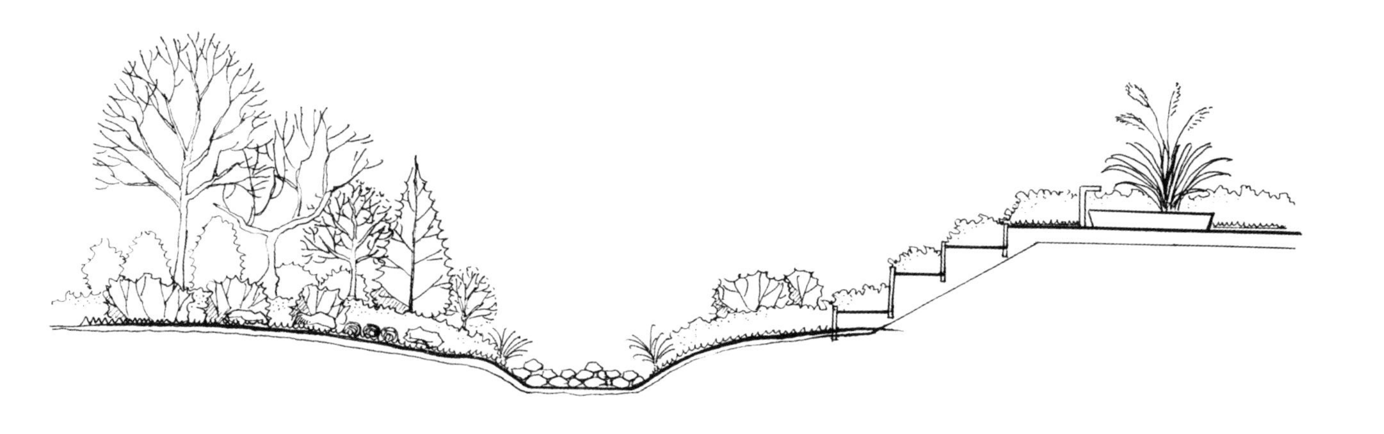

5）立面图的作用与功能

立面图是正投影显示出的实际长宽高的尺寸显像，是对平面图无法表现的高加以说明的图纸。立面图的表现在风景园林设计中经常用到，它的作用和功能我们需要了解和知晓，这对我们设计意图的清晰表达很有帮助。如果我们能够熟知立面图的特点和表达的功能意图，我们在设计中就可以运用自如，充分发挥立面图的作用了。下面我们用图解的方式来熟悉一下立面图的功能和作用。

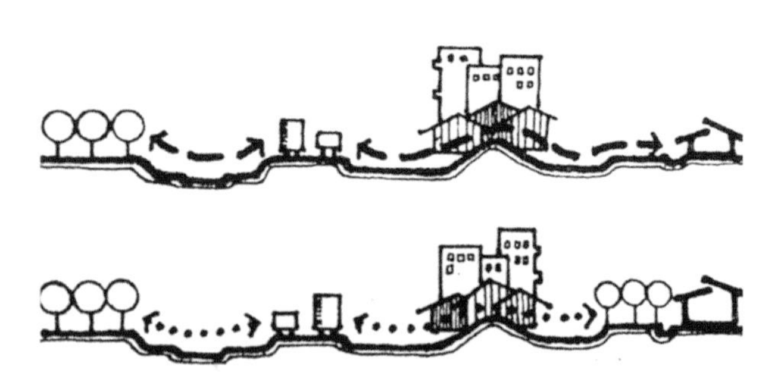

表示立面的动势关系

表示立面的道路与植物的布局关系

表示人与树的空间大小关系

表示房屋与户外地形关系的立面图

表示植物装饰的空间与人的关系

表示植物分布高低关系的立面图

立面图大致可归纳为以下几种表达类型：

a. 表现物体的侧立面图；

b. 表现地形房屋与户外关系的立面图；

c. 说明树木植物植被分布高低关系的立面图；

d. 利用植物的装饰性说明植物与人的关系的立面图；

e. 说明上下层关系的立面图；

f. 分析说明立面的动势关系的立面图；

g. 说明不同界面的处理情形的立面图；

h. 说明不同平面图的立面关系的立面图。

表示上下层关系的立面图

铅笔淡彩的平立面图案例

立面图

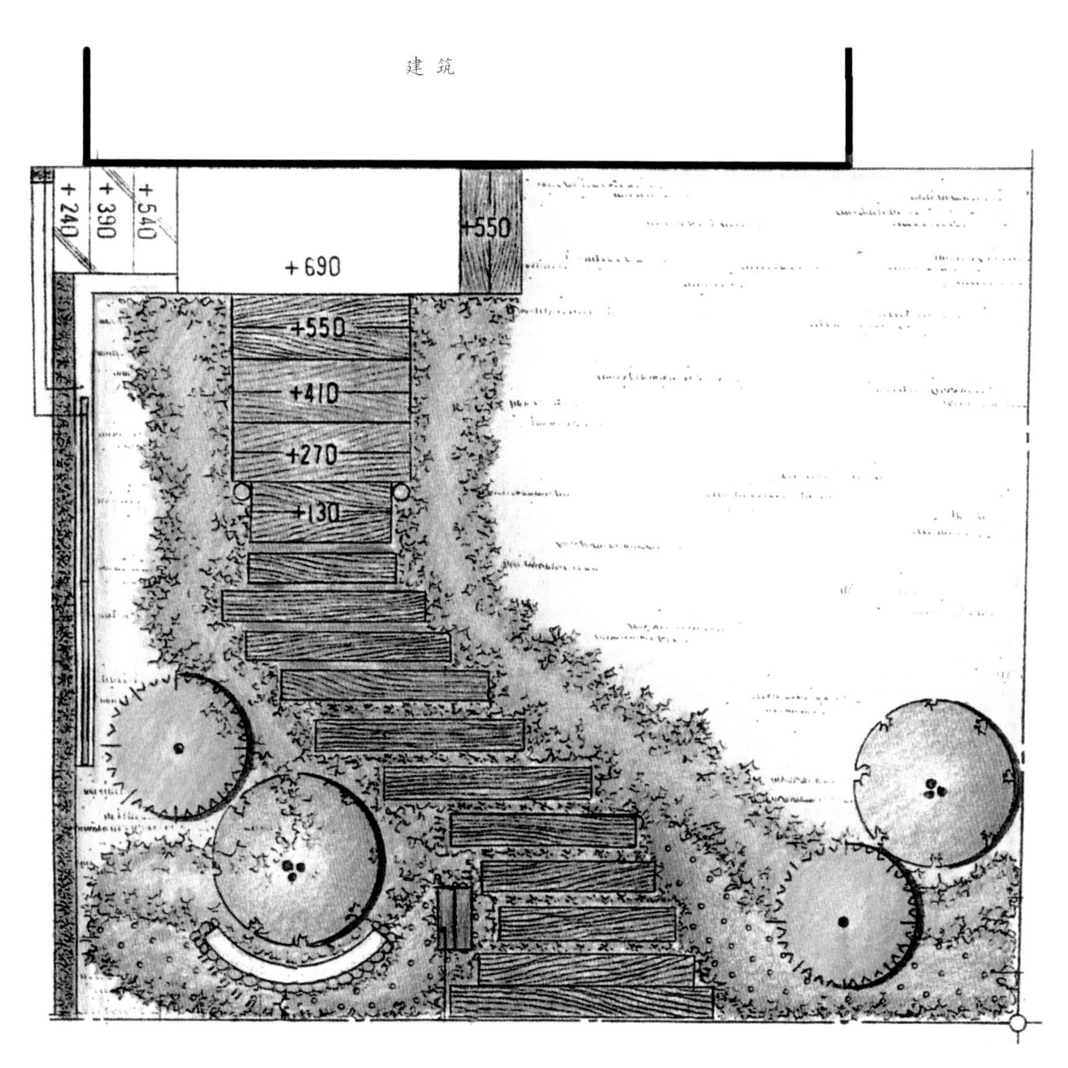

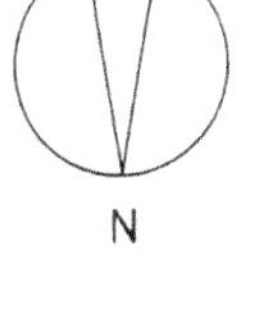

平面图

6）庭园植物配置设计范例

植物配置一览表

记号	名称	名称			数量	单位	备注
		H(M)	C	W			
	雪　　松	2.0			1	棵	
	香　　樟	1.8			1	棵	
	桂　　花	1.0–1.5			3	棵	
	红　　枫	0.8–1.2			3	棵	
	紫　　薇	0.5–1.0			3	棵	
	月　　季	0.5			2	棵	
	红花檵木球	0.5			3	棵	
	金叶女贞球	0.3			3	棵	
	地被草花混	0.2–0.3			n	株	
	草　　坪				n	m^2	

T–T 立面图

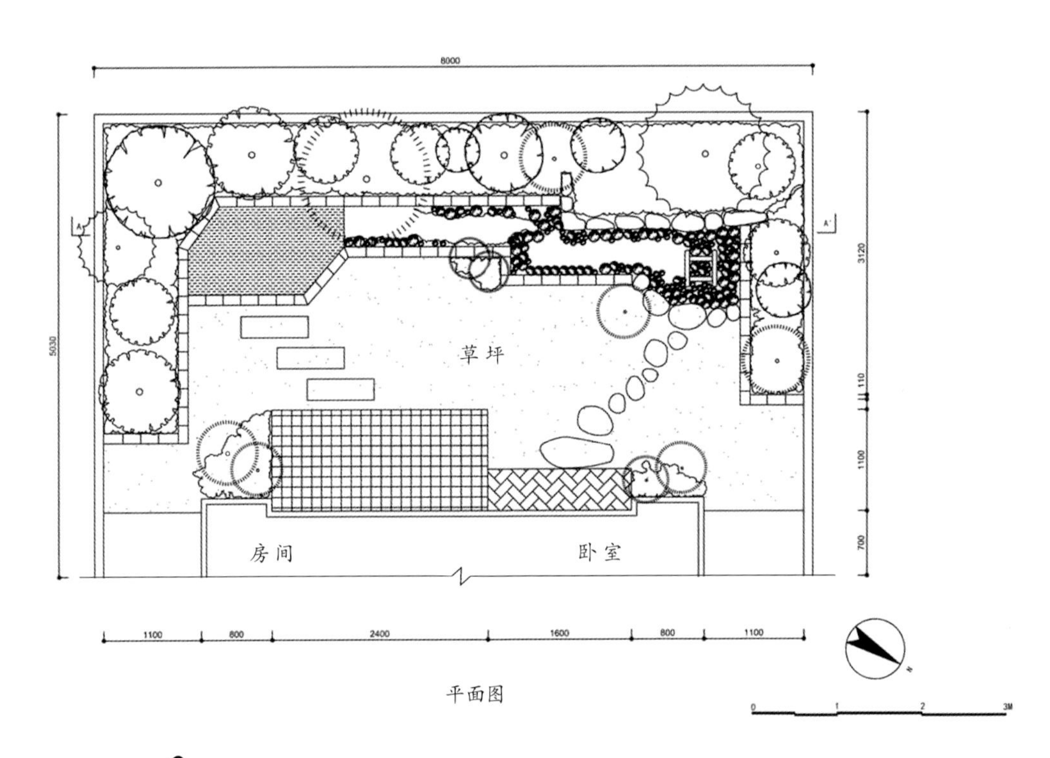

平面图

EXERCISES

作业题一

1. 按照本章制图要求设计 A3 图纸框，要求电脑制作。（以后园林制图设计作业均在自己设计的图纸框内完成。）

2. 用A3尺寸硫酸纸临摹书中的铺装、挡土墙和小溪水池施工剖面图各一张，线型、标注尺寸、符号等都要符合制图规范。

3. 将临摹好的图纸放在自己制作并打印好的图纸框内，复印出 3 张 A3 作业递交。

第四节 园林设计透视效果图画法

透视效果图在景观设计中是最常用的一种设计意图表现法。透视效果图的主要特征是通过透视原理，用三维空间的立体形式把与真实相接近的空间物体表现出来，它的作用有两方面：一是把规划好的平面图方案视觉立体化，验证所设计的方案是不是达到理想的效果，对方案进行修改和调整直至完善；二是平面图有一定局限性，不能反映立体画面与效果，而透视效果图可以给客户一个直观的设计说明，具有与实际场面相接近的立体画面效果，便于和客户进行更直接的沟通和交流。归纳起来，这两个作用一个是作为设计的工具，一个是设计最终效果的说明。

1. 一点透视效果图画法

步骤一：

将所要画的平面图按比例打出1米见方的格子，并在横竖边缘线上分别标出尺寸。院子有12m长，8m宽。

步骤一

花坛
草坪
灌木群
住 宅

步骤二：

（1）在图纸上的下方画一条平行线作为基线，按平面图的12m长的院子按比例尺一段代表1米。

（2）在基线点出的12个分段线下标上1至12的数字。

（3）确定视点位置。在基线的中心6m处垂直向上画一条线，线的高度为视点高度（可根据需要确定），同时是一点透视的消失点。

（4）将基线上的每个尺寸点与透视消失点相连，形成12条透视线。

（5）顺着底边基线往上推移画一条平行线，与基线形成透视的矩形。

（6）然后在0点处与1米的矩形对角上画一根斜线，并延长，穿过透视线。

步骤二

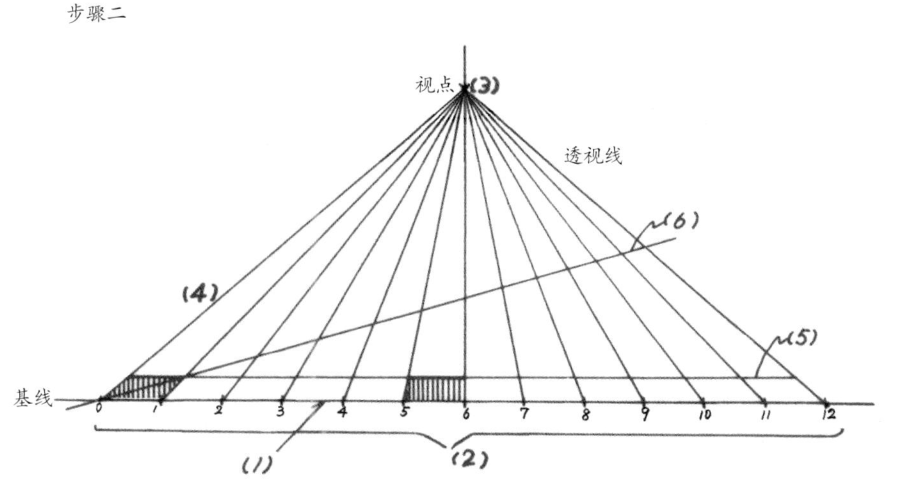

步骤三

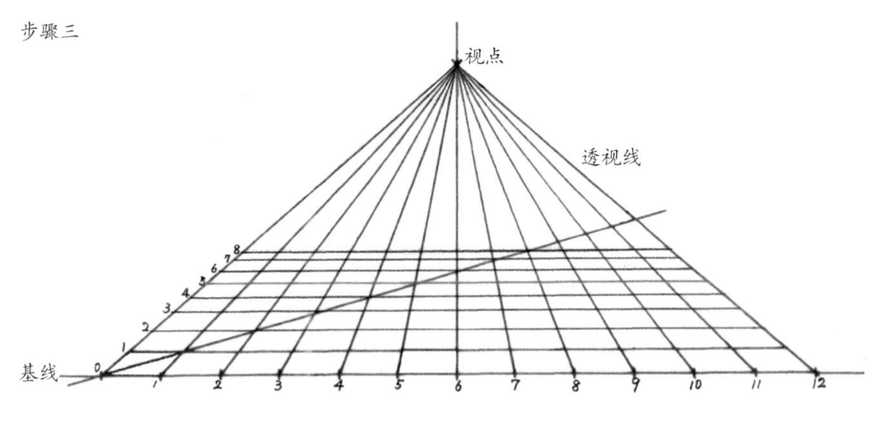

步骤四

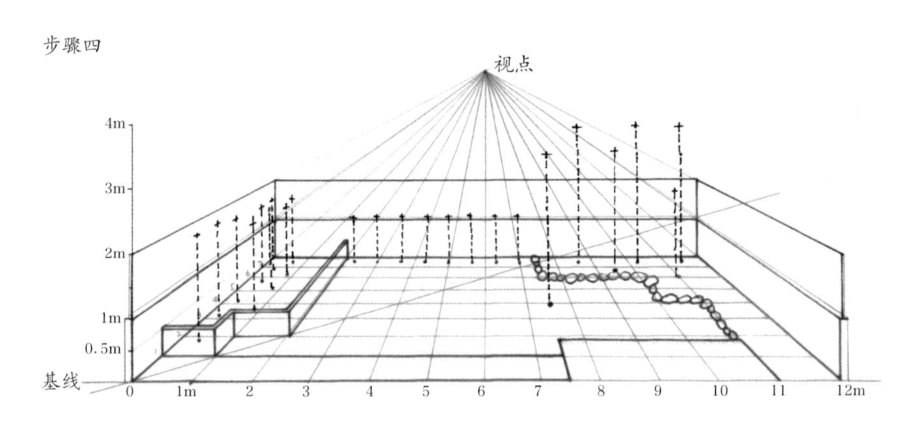

步骤五

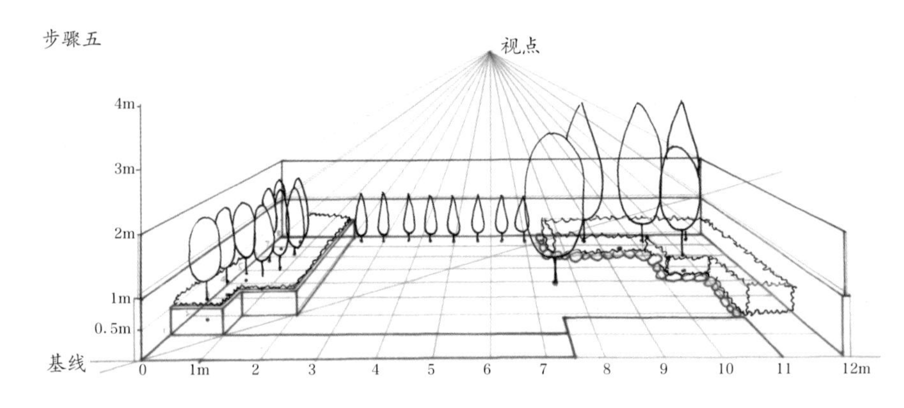

步骤六

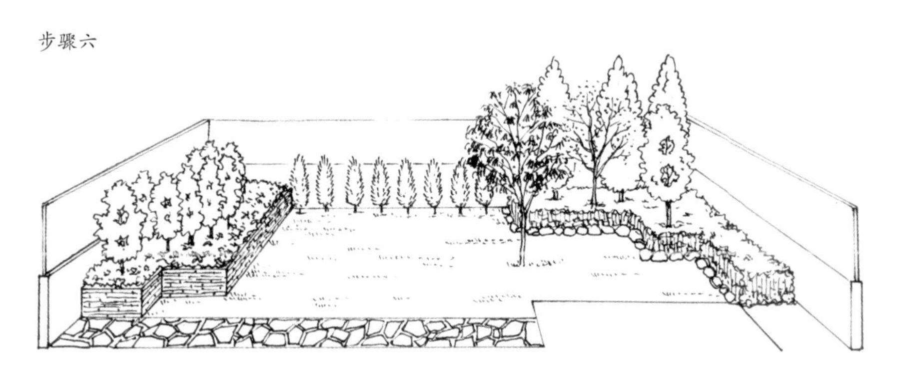

步骤三：

顺着底边基线的平行线继续往上平行推移，在与斜线透视线相交叉点的位置上陆续画 8 根平行线，这样 8 米宽院子的透视平行线就形成了。然后在左侧与平行透视线的交结点上相继标出 1–8m 的尺寸数字。格子部分就是所要画的院子效果图的面积。

步骤四：

（1）在基线 0 点上画一条垂直辅助线并标上高度（基线上的 1 米是垂直线的 1 米高）。院子墙体和栅栏高度都是 1 米，将 0 点 12m 点位置上的垂直高度 2 米的点与视点相连。在院深 8 米墙角处分别画出两根垂直线，与透视线相交的点是墙角的高度，将围墙 4 个点相连接，墙体和栅栏围合的空间也就形成了。

（2）根据平面网格图的形状位置画出花坛和自然卵石围合植物的形。花坛高度 0.5 米即半个格子的高度。如第 1 平行线上的高度是第 1 平行线上的半格；第 2 平行线上的高度是第 2 平行线的半格；以此类推……。

（3）院内树木高度的确定，都是在栽植点上的平行线上取尺度。如最前面的一棵 4 米高的树，栽植位置在第 4 平行线上与透视线上的 7 与 8 的中间，它的高度则是取在第 4 平行线上 4 个格子为 4 米，如果是 3 米高的树则取 3 个格子。以此类推……

步骤五：

在树的高度确定的基础上框出针叶树、阔叶树、落叶树灌木等不同树形。一张一点透视的效果图底稿基本就画好了。

步骤六：

在画好的草图底稿上，放一张硫酸纸直接描绘。从近处即住宅前的铺砖处开始。面前的树先画，这样由近至远地绘制，一点透视效果图完成。

一点透视效果完成后用彩铅上色完稿

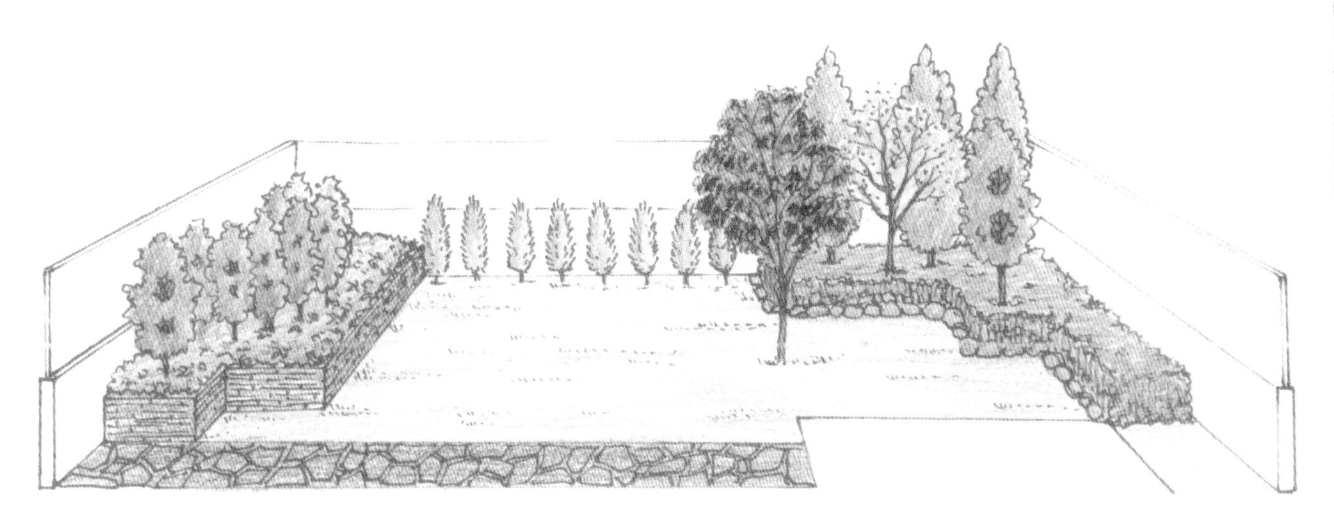

2. 不规则形一点透视图画法

3. 简单式两点效果图画法

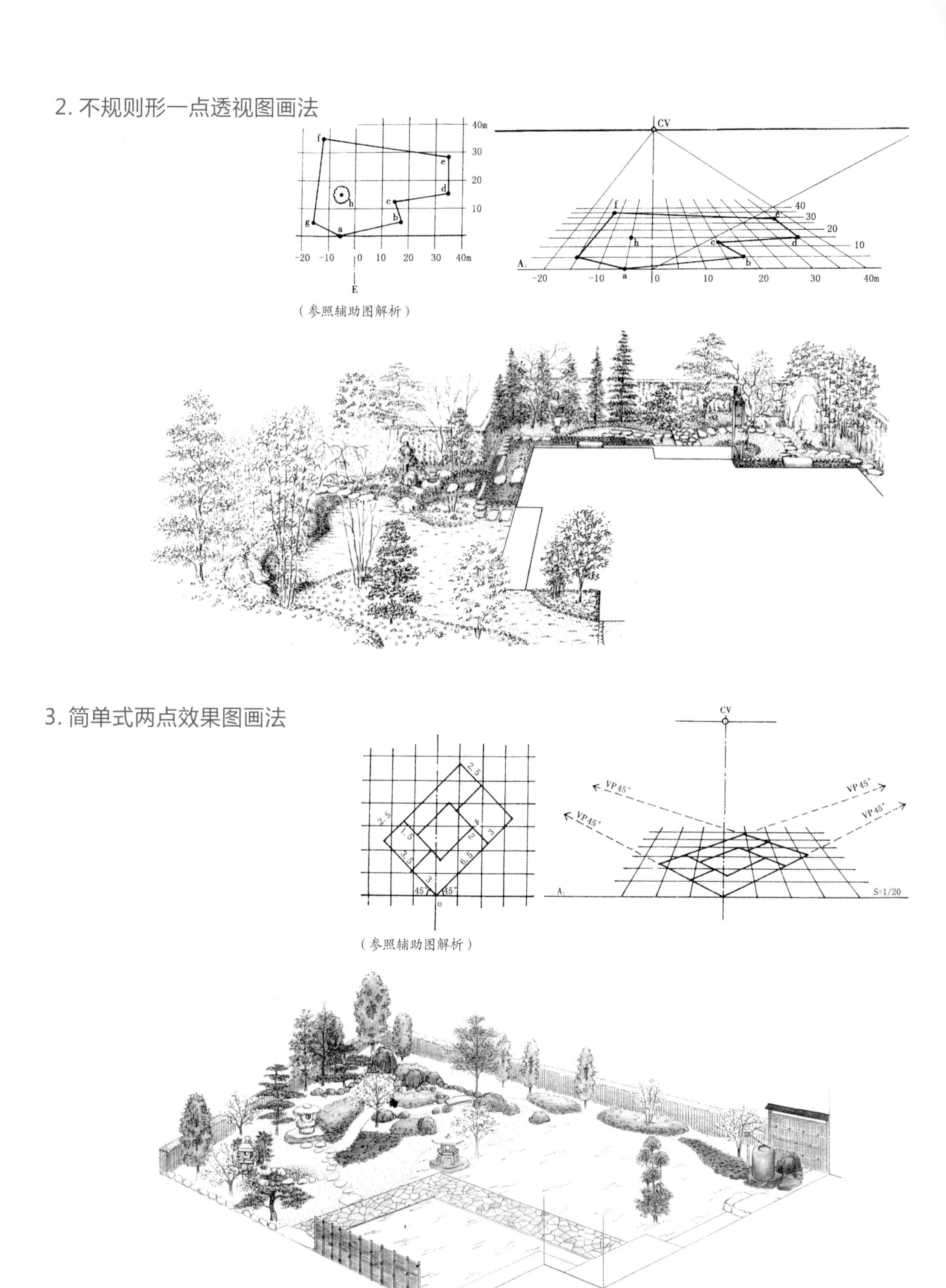

（参照辅助图解析）

（参照辅助图解析）

简单式两点效果图例（彩铅上色）

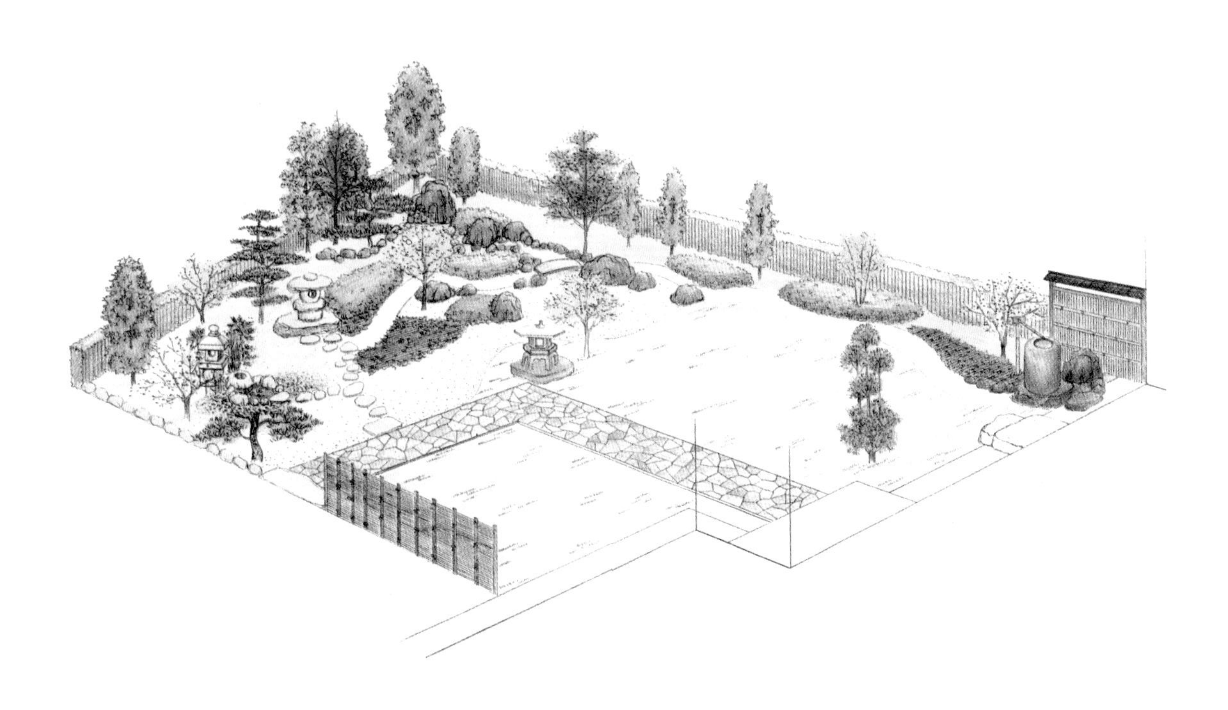

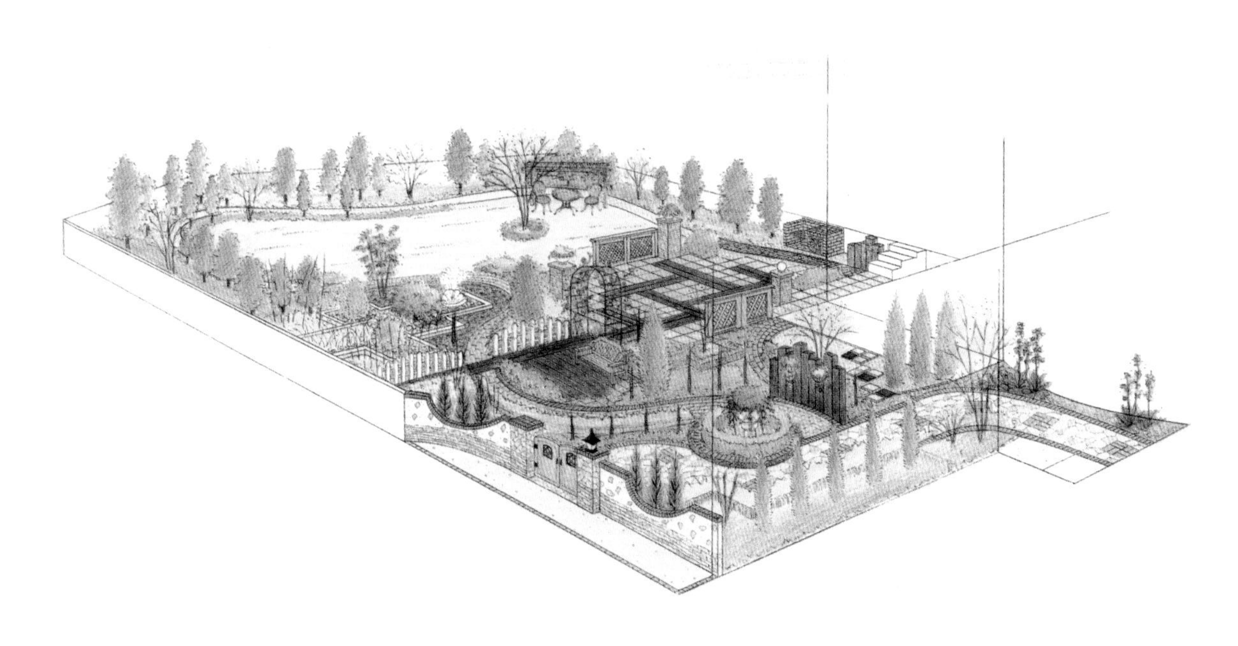

EXERCISES

作业题二

1. 分成 2—3 人小组，在校园或公园、庭园现地测量调研。选择现地一角测量，并记录清楚场景树木和物体，根据测量数据和记录，制作出现状平面图，制图方位不可缺少。要求用 A3 图纸按比例尺画出黑白图。

2. 根据现状平面图画一张一点透视效果图，可用彩铅淡彩或马克笔上彩。A3 图纸。

3. 写出你对调研现地的观察、初步印象、测量的实践经历，在测量和制作中有无忽略的地方，有无遇到困难，如何解决的等内容。调研报告字数在 1000 字以上，A4 图纸。

Chapter

第三章 风景园林的空间构成

风景园林的空间构成，是园林规划设计的首要问题。它决定了风景园林中的不同观赏区域、游览路线和功能分区。因此我们需要对园林空间有一个较清晰的认识，对大小空间、虚实空间、过渡空间、流动空间等各种不同空间要有足够的感知。作为构成园林三大要素的建筑、山水、花木都可以起到划分空间、围合空间、组织不同观赏景区的作用。

所谓园林建筑即是和园林风景有关的建筑。园林建筑在园林空间中起着很重要的作用，它具有特殊的内外空间观赏的特性。园林建筑即是一般建筑可遮风挡雨可居住的空间；又是融入风景中被观赏的室外景观空间。一般在园林建筑空间内观景是通过门窗的借景方式观景。如楼、阁、亭、台、榭等建筑，都是在建筑内往外静观的空间；动观风景的建筑空间具有通透与风景相融合的特点，它提供了可穿越建筑空间而游走观景的条件。如廊、桥、花架等建筑，都可以边行走，边观赏，是建筑内外空间相结合的建筑观景空间。

园林空间除了与建筑有关外，还与园墙、园路有着密不可分的关联。园林墙体和园林道路都是划分、围合园林空间最常用的要素。园林规划设计一般都是由园林的空间划分，路径串联组成设计开始，要想合理地规划设计好园林空间，丰富人们对园林的空间体验，必须了解园林丰富的空间形态和各种空间构成因素，处理好其中的观景角度和不同的空间关系。

第一节 园林空间的划分

园林空间是人们喜爱的户外活动空间，是观景、赏景、享受自然美好的理想空间。园林空间的构成目的是提供人们游乐、观景、散步、健身、休憩等不同功能的区域。因此它需要对空间区域进行合理划分，即根据具体的使用功能和设计目的来决定。空间的划分首先要分出主次空间，哪些是主要景点，哪些是次要景点，根据景点的功能要素适当考虑空间大小，合理分配，之后再考虑将这些大小空间串起来形成流动空间。园林空间有内部空间与外部空间，围合的手法多种多样。如用围墙、建筑、植物篱笆、山水、景石等都可以切隔空间。围合的空间越完整，空间则越倾向于内向，局部围合的空间可以流入和流出，属于半开放空间。空间的围合形式不一样，视觉心理也会发生不同的变化。围合的高度高于人的视角，会让人感到空间狭窄，围合的高度低于人的视角，则会显空间开阔。这是因人的视觉范围的限制而产生的心理因素，设计时需考虑到这些问题。

园林空间的分布大致有：

1. 主次空间。一般庭园景观环境中有主次空间之分。主空间是表现力最集中、停留客流量最多的重点景观空间，也称主景。次空间是处在主空间之后的随从空间，与主空间有关联但不夺取主空间的精彩，仅次于主要空间的小景观空间，也称配景。次空间不一定是一个，有时是多个。设计中应力求做到既有次空间的个性又不失主题的共性，有主有次，主次分明。在统一协调之下保持主次空间的功能与特色。

2. 大小空间。大小空间可产生鲜明的对比，反差越大，对比则越强烈。从小空间进入大空间，会感到心情豁然开朗；而从大空间进入小空间时，精神上顿时会有种紧张感，视觉高度集中。如果我们根据这一视觉心理经验来设计，就可以很好地利用大小空间来表达我们想要表现的不同感知的园林空间。因此巧妙地运用这一原理布局园林整体空间、把握好观赏者的视觉心态，这也是园林设计的手法之一。

3 . 虚实空间。虚实空间是相对而言的。建筑物体与植物树林相比，建筑体可称为实，植物为虚；山与水，可谓山实水虚；围墙与花窗，围墙为实，花窗为虚；书法中也讲虚实，字是实，余白是虚。总之，虚代表空的、朦胧的、飘忽的、流动的、柔软的、变化的、不易被人直接感知的；而实则代表物体，实在的、清晰的、固定的、坚硬的、不变的、易被感知的。虚与实的艺术表现手法在景观设计中运用很多。以虚衬实，

植物可以划分空间，区分观赏园林的大小通道

利用植物树干的立柱形态划分空间，加强了水池与花坛的空间感

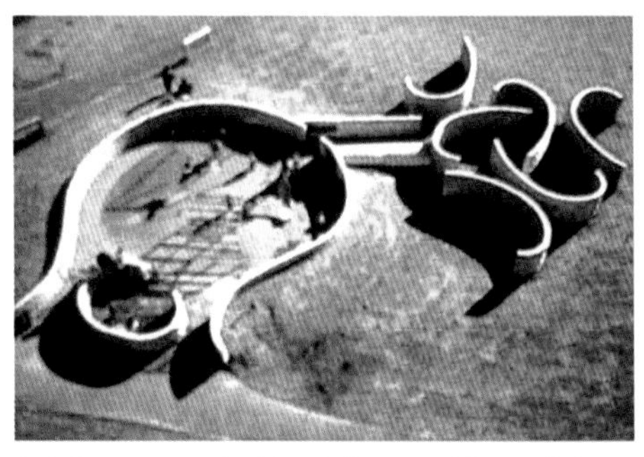
主次空间用不同形态划分，丰富了人们对空间的感受

大小空间的巧妙分割，使空间形态丰富而有魅力

不同空间的体验：

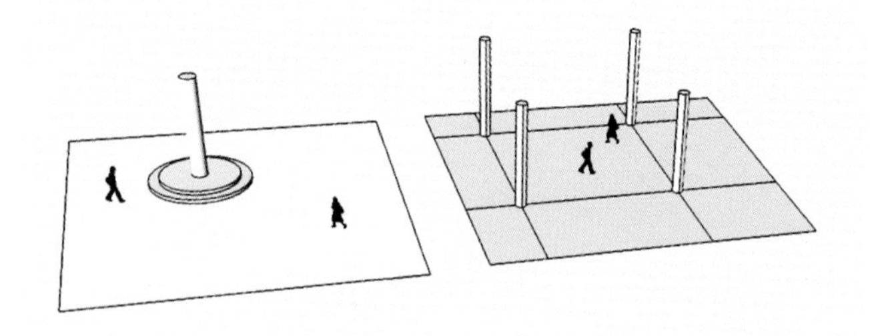

一根立柱就起到了空间的感知作用，四根立柱空间感加强

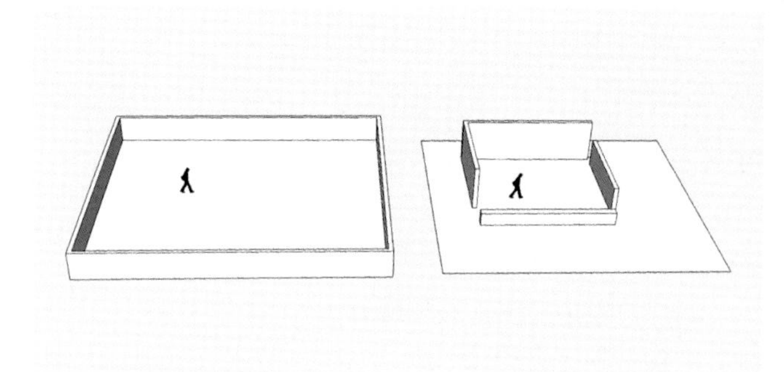

围合的空间越完整越趋于内向，部分围合的空间保持了与外向空间的关系

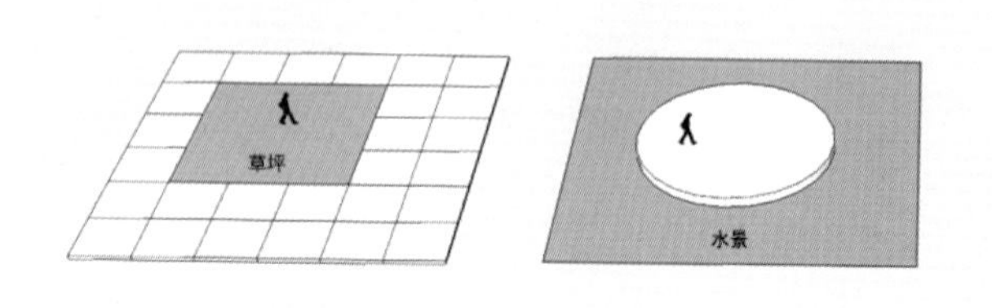

空间没有围合但平面的材料与环境不同，底盘的局限一样有强烈的空间感

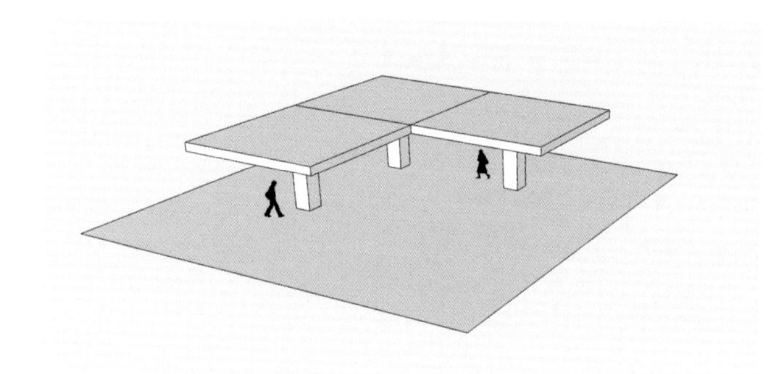

立柱上加盖顶面后空间感相对压抑

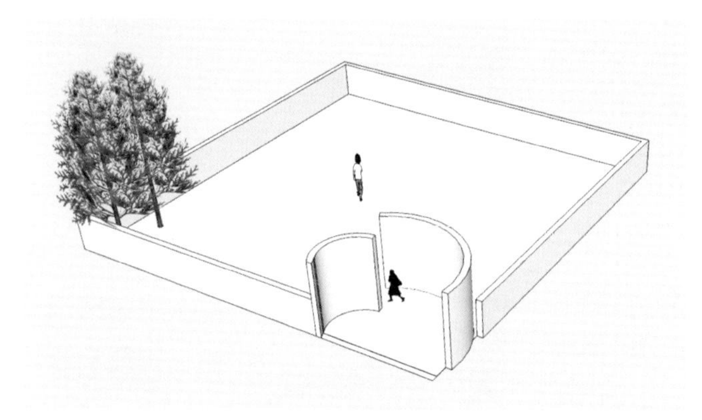

由小空间过渡到大空间，对比强烈，有豁然开朗之感

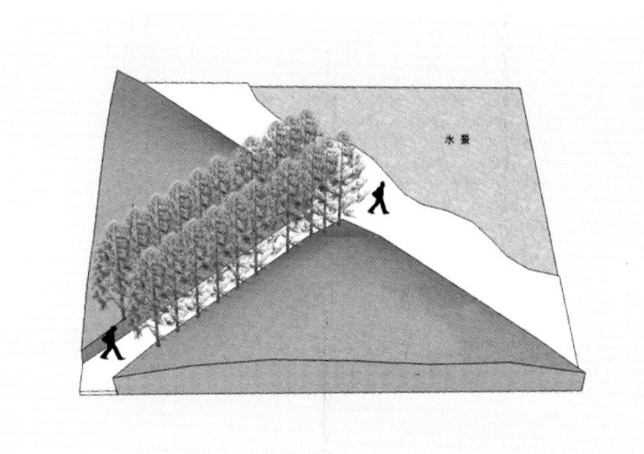

通过细长狭窄的空间进入开放场地，尽管有水域界限但依然有释放之快感

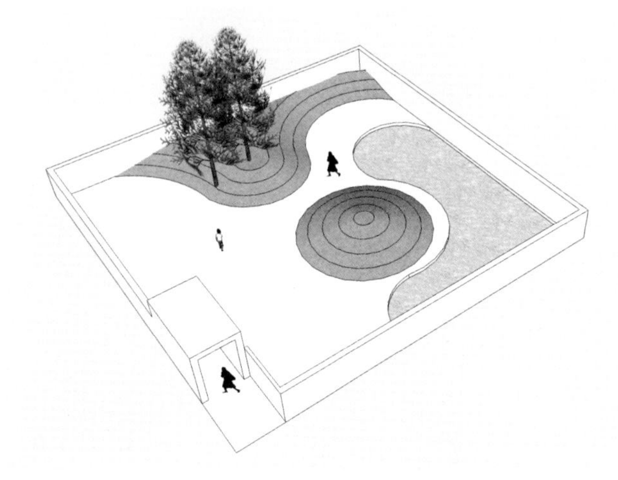

穿过小空间进入封闭的园林空间中，独立高大的物体容易引人注目，视线集中

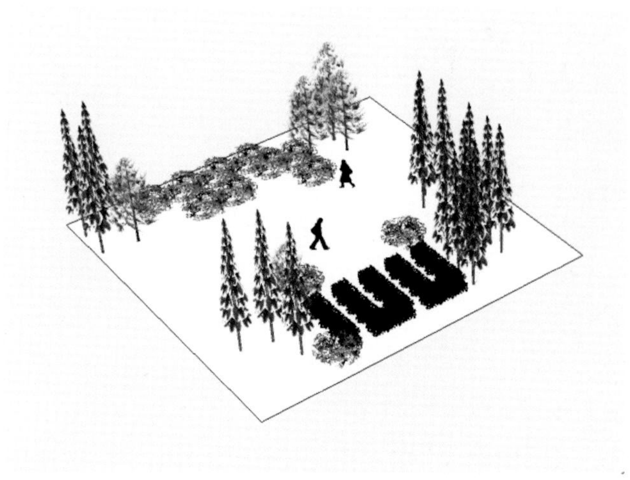

没有围墙的园林更加自然，高大的乔木可以加强立体空间感

以实破虚；实中有虚，虚中见实。目的都是为了丰富视觉感而增添多种美感形式，提升风景园林的不同观赏空间。

4. 流动空间。流动空间在园林设计中起着贯穿园林的主导作用。园林设计的好坏，全凭流动空间给人以不同的视觉印象和心理感受。流动空间是体现园林整体感受的具体空间。人们通过走动观看，才能体验到园林整体空间的印象和感受。“步移景异”就是流动地观赏不同的风景和体验不同的空间。把不同意义的空间有机地串联在一起，才能有效地提高园林空间的使用意义与观赏价值。一般庭园、公园都是由许多不同内容的小空间组成连贯的流动空间。因此我们在设计时要把自己当作游客一样，随着观赏者的脚步游走设计，让景观空间发生连贯性的变化，视觉更加丰富多彩，让游客在风景园林中散步真正获得赏心悦目的愉悦心情。

利用垂挂植物加强了中庭的空间感，获得了充满阳光活力的美丽空间

第二节　园林空间与建筑

园林建筑在园林中不仅仅是使用的需要，更主要的是被观赏的园林建筑风景，起着组织景观空间的作用。中国传统造园的一大特色正是利用园林建筑组景造景。将亭、台、楼、阁、轩、榭、廊、桥、舫等串联在山水植物的园林风景中，构成大小不同的景观空间，为人们提供不同的观景角度，同时园林建筑又和山水植物组成了不可或缺的园林风景。

现代镂空的建筑构造廊架营造了景观空间的虚实美感

我国传统园林发展至今，廊和亭的园林建筑形式因使用率高而被当今的园林模仿利用延续了下来。尽管材料和造型都随时代有了根本性的变化，但廊与亭提供人们休息和观园的空间环境使用功能没变。常见传统园林的亭有：独顶亭、双顶亭。按亭的屋角分类有：三角亭、四角亭、五角亭、六角亭、八角亭；按放置的环境来分类：半山亭、水亭、山亭、路亭、湖心亭等；还有根据亭的位置以及亭内放置的内容分类的，如：山亭、水亭、路亭、桥亭、碑亭、钟亭、泉亭等。园林的廊按造型分类有：直廊、曲廊、折廊、叠落廊、单面空廊、柱廊、双层廊等；按位置与功能分布有：水廊、爬山廊、游廊、碑亭廊等。“亭”是静观风景的空间，人们可以坐在亭内休息观景；“廊”是动观风景的空间，人们可以通过廊架的空间穿越走动观赏园林风景。因此，无论是阴雨天，还是烈日当头，都不影响人们利用园林中的廊与亭休憩和观景。

随着时代的发展和变化，人们的审美意识也有所改变。现代风景园林中的廊和亭形态风格更趋于轻盈简洁，在材料的使用上与传统园林也有很大差别，如塑钢结构、木结构、铝合金结构等

现代园林中布满鲜花的人字形空间廊道，浪漫美丽

的使用，建造的亭、廊空间形式越加轻盈通透，具有时代感。镂空花纹的廊亭在采光、通风方面也更加人性化，与自然风景更为融合。最常见的现代廊亭是和植物相结合形成的美丽花架廊亭，对园林的装饰美化方面起到重要作用。

园林建筑在园林中起到了划分空间的作用

传统园林扬州瘦西湖中的五亭桥，既是湖中观景亭，又是园中建筑风景

传统园林观景长廊环绕在园林中

江南传统园林中的折廊串联在园林景观中

传统的建筑中，彩画廊既是观景的长廊，又是观廊的空间

皇家园林中的观景长廊空间通透，可静观动观风景，还可供游人随时坐下休息

英国皇家植物园中的长廊

现代凉亭建构的空间形式，园林中的新视点

现代园林中休息空间的构建更适合广大市民休憩和观赏园林艺术空间之美

园林中的休息区域建构巧妙地与自然融合为一体

现代廊架，既是园林建筑雕塑又是穿越看景的空间廊架

现代三角形花架凉亭的虚实空间

现代三角形花架空间

与自然融合成一体的现代生态景观凉亭建构

现代镂空式廊架的虚实空间

第三节 园墙与空间限制

墙在建筑学中是一种围合空间的构建。在园林设计中，墙除了围合空间外，更重要的是遮挡劣景，自身还要成为风景的一部分，即构成装饰性风景墙，统称为景墙。景墙在园林中可划分空间，组织不同景色，引导人们进入不同的风景区域，感受不同的景色。因此景墙具有美观、隔断、通透、遮挡、围合空间等多种功能。

景墙的空间划分可以通过不同的景墙形式来实现，中外古典园林中都有丰富的优秀案例。西方古典园林最常用的是植物绿篱围墙，绿篱植物墙不仅有围合空间的功能，与其他景墙材料相比的最大特点是：具有生命力，是生长变化的天然植物，它与园林的任何自然植物都能融合为一体，是融入自然的园林空间划分的最佳材料。

翻阅中国古典园林的景墙画册，我们可以看到传统景墙的形式十分丰富。各式门洞墙、云墙、锦墙、碑文墙、石雕墙……等，用砖瓦砌成的镂空纹样的花窗，是古典园林常用的景墙形式。古典园林的景墙不仅仅有围合空间的作用，更是园林中不可缺少的一道道靓丽的风景墙。随着新材料的出现，雕刻着不同镂空花纹的铁板墙、铝合金墙、玻璃纹样墙等，形成了不同意义的景观墙。景墙的形式趋向于美观、时尚、轻盈、安装便捷的一面。丰富多彩的景墙变化为园林带来了新的活力，如：用铝合金、铁艺、木材做的栅栏、简易隔断，不仅在公园、花园小区中广泛使用，也是私家小园林常用的景墙形式。栅栏作为围合空间的墙体及空间界定，它具有视觉通透、通风、采光好的特点，适合园内的植物生长。因此在私家园林的建造时深受人们欢迎。

景墙不仅在围合空间上能成为园林的一道风景，在营造园林景观氛围上也具有特色。如历史古迹的景墙、纪念性景墙……等均凝聚了一定的文化氛围，可作为园林的一个观赏景点。通过色彩、质感、肌理以及造型等物质手段进行组景，突破墙体本身的单调与风景融为一体，形成多样化景观空间，以此提高风景园林的观赏价值。如：景墙和花坛结合，水景结合，雕塑结合，植物结合，水幕结合等等，形成独特的园林风景。很多小区花园也会在正门入口设计一个很有魅力的景观墙，以此突出小区的文化品质。

植物墙体与植物门洞起到了空间划分的作用，还形成了规整的植物景观

中国传统园林中的洞门花窗云墙，既是空间的隔断又是园林中的独特风景

传统园林中的花窗墙既有装饰观赏作用，又有通风、分隔空间的作用

用透明玻璃墙与植物结合的形式保护古墙，依旧可看到老墙的沧桑岁月感

用美丽的植物图案式景墙限定园林空间的边界

镂空花墙，不仅围合空间美化了环境，还有利于植物花园的采光和通风

有趣的墙体与空间，在园林中形成了独特的风景

植物绿篱围合的空间中不锈钢抛光镜面植景墙映照出对面美丽的风景

镂空的落地栅栏，光与影效果也是园林中一道美丽的风景线

现代花墙门洞景墙的空间划分形式

山水写意景墙，不仅增添了园林风景，也起到了空间分隔的作用

第四节 园林空间与园路

园路设计是园林中流动空间的设计。它是园林的筋脉，贯穿整个园林的大小路线，串联着不同的园林空间和观景节点，在庭园中起着重要的引导作用。

园路还有切割和划分园林功能区域的作用。通过路段分割，将不同区域区分开来。如路的左边布局是花卉植物园观赏区域，右边布局是休息区域，中间的园路起到分界线的作用。

1. 园路与空间。园路既是观赏风景的行走路线，也是园林空间的动线，需要靠园林的大小路线贯通。在设计园路时需要考虑园路周围远近空间的景观布局，根据主次景观空间决定园路的宽窄，最好的方法是将设计人放入路线中，随着行走人的视点一路配景。用“走走停停”的方式分析和寻找最佳的视角和视点，配置适宜的风景。步移景异，以不同空间的视觉变化带动心理的变化，以轻松愉快的心情来弥补走路的乏味，达到健身之目的。笔直的路，一眼望到底，虽有畅快之感，但也有紧张感，单调乏味，缺少变化；弯曲的路，自然优美，较直路而言有缓和轻快感。“曲径通幽处，禅房花木深”正是我们园路设计时需要考虑到的一面。尽可能做到直露中有迂回，舒缓处有起伏，使人有回味无穷的余地。

2. 园路的铺装。园路的铺装需要考虑多变的观赏特点。不同的材料、纹样、色彩以及面积的大小都会影响到空间的氛围。铺装纹样的变化会给行人带来新的感觉。我国的古典园林的园路设计给我们留下了很多精彩的典范，值得学习和借鉴。现代的新材料新技术也给园路添了新的色彩。如防滑漏水砖、草坪砖等被广泛使用，让园路设计纹样变得更加丰富。园路两旁配置不同的植物绿篱或花篱，也是装饰园路寻求变化的一种手法。配置不同高低的植物，树姿、色彩会给人以不同的视觉效果和心理感受。设计者还要考虑到园路与环境的匹配和协调，用不同铺装的园路贯穿多变的空间，形成耐人寻味、可漫游观赏的风景园林。

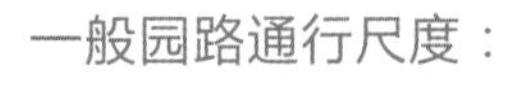

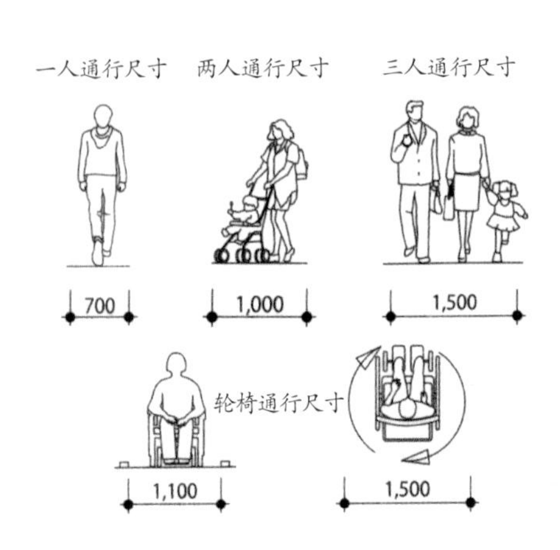

不规则形态的园路设计巧妙地划分了美丽的流动空间

通过弯曲的园路将园林各个自然景点相连接

现代风格的园林趣味横生，弯曲的小道可增加散步的长度，以此达到健身目的

现代园林常用的铺装形式，用100mm的小方石铺同心圆比较适合

3. 园路的尺寸。园路是整个庭园的脉络，因此园路也有主次之分，宽窄不同，不同区域不同对待。越是面积大、视野开阔的园林环境，越是要注意园路的风格，注意导向清晰，便于人们在空旷视野中的识别。园路样式设计切忌千篇一律，同样对待，那样很容易失去园林的观赏特点。设计园路的尺寸至关重要，要考虑到通过园路的人流量，根据人流量的预测，以及通向的主次景点来决定园路的宽窄与分流。一般单人行走的小路宽不低于 0.6 米，双人行走的小路宽为 1.5 米左右，多人行走的宽 3 米左右。园路铺装要求路的两侧低于路的中轴线的高度，防止下雨积水给人们带来不方便。有条件的路段两侧可以设置下水道，这样可以在夏季暴雨时节迅速排水，保证路面畅通。弯曲的小道可增加散步道的长度，以此达到漫游、观赏、健身等目的。

中间是龟纹铺装，路面两侧用黑色卵石装饰，下方是下水道

用石条拼构的现代装饰铺装，在编织感纹样中配置地被

用青瓦和卵石构成孔雀尾纹样的传统园林铺装

传统园林的间方式铺装

现代园林或传统园林皆可用的长方石与青砖结合铺装

中国传统园林常用卵石构成传统纹样建造园路

4. 步石小路。 步石也称飞石、汀石，是直径约 200~300mm 的平板圆石。园林小景中经常用步石排列成园林小径。步石小路的特点是易与自然风景融为一体。如果在小景中铺一条小路会出现一分为二，割断景致的现象，因为路道的铺装破坏了小景的完整性。而利用步石的方式排列的小径就不会有这样的现象，无论是在草坪上还是枯山水中的砂砾上，步石的铺垫都能和草坪、砂砾以及风景相融合。步石的铺垫是根据人的迈步尺度排列设置的，一般两块步石的间距即一块步石的中心点到另一块步石的中心点距离，以 300mm~500mm 之间为宜。一般一块步石的厚度是 100mm 左右，铺装时高出地面或水面 30~50mm，有的需要用水泥简单固定，有的可以直接摆放。因此在改造园林时变动步石小径也很方便。形式上，有草地中的步石小径，也有砂砾中的步石小径，还有小溪浅水中的步石。

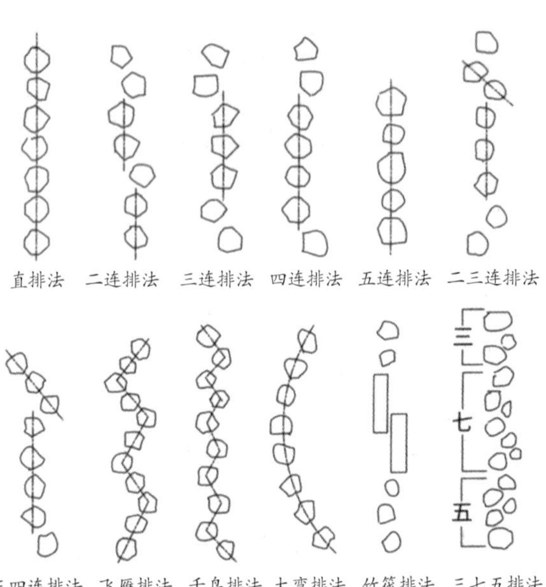

大步石

两石边需平行
相隔 100 mm 以内

步石的中心点至另一块
步石中心点为一步距离
大约是 300 米—500 米

小步石

大步石
小步石
G.L
60
30

注：在排列中遇到两条步石路的汇合点需放置一块大的步石。

红砖与植物形成了既统一又有对比的园路

用砖块拼构成菱形与三角形组合的园路

利用农家废弃的石磨，铺垫作小溪汀步

砂砾铺装中的步石，与植物小景浑然一体

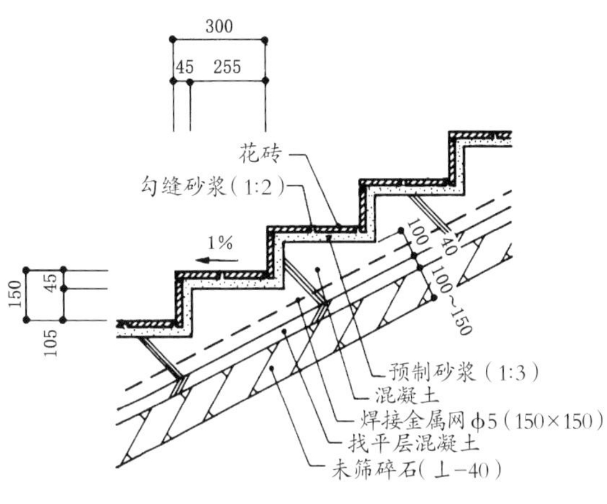

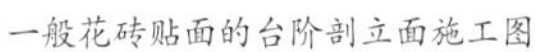
一般花砖贴面的台阶剖立面施工图

手绘园林土台阶

阶梯和平台相连接形态

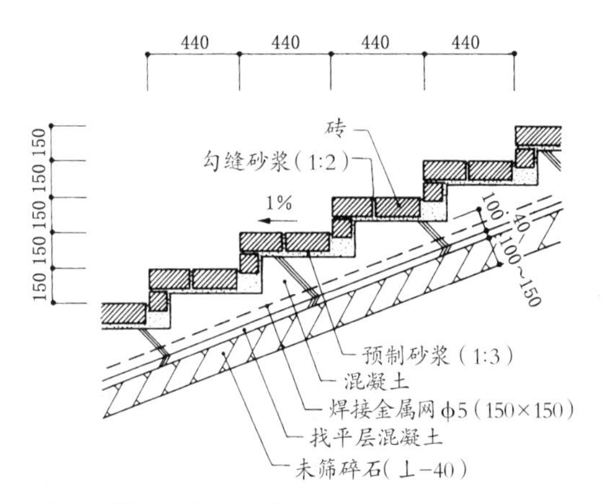

一般砖块铺装的台阶剖立面施工图

用造景的手法将坡道与阶梯桥连贯成独特的风景，很有趣味

登山台阶又直又长，攀登前易产生紧张感。在阶梯两侧栽植花卉植物可以增添轻松气氛、缓解压力。中间的扶手可以帮助老年人登高。最好在十层台阶处设一个平台，这样可以歇脚

山间设台阶要有安全护栏，台阶踏面以宽大平缓为宜

Chapter

第四章 风景园林的山水构成

山水是构成园林风景的重要元素之一。孔子说“仁者乐山，智者乐水”。山给人以崇高的美感，山厚以载德，高出世表，为世人敬仰。水体不仅能使园林产生活泼、生动、宜人的景观特色，而且还能形成通透开朗的视觉空间。古人说：“石为山之骨，泉为山之水。无骨则柔不能立，无血则枯不得生。”可见山水相互依赖的造景关系正是我国古代传统造园理论的精华。在前人留给我们的传统园林中，“堆石为山，挖地成河”的案例随处可见。

风景园林中的山水构成分为自然山水与人工山水。在自然山水环境中建造园林，一般是以维护原自然生态为主、人工梳理为辅的方式进行适当地整合，突出自然风景的园林特色。在周围有自然山水风景的情况下，尽可能用借景的方式将其纳入我们的园林设计中。只有在没有自然山水环境的情况下，才会考虑人造山水。人造山水也能很好地增添园林的 风采，山水的相互映衬可使环境清新活泼、美丽动人。因此在风景园林设计中经常要用“山水构成”来造景。

第一节 园林中的山体

1. 筑土为山

即挖土成河，堆土成山，模仿自然，用浓缩自然山水的方法造自然山水景色，追求“虽由人作，宛自天开”的人造水景。人造山水的大小、形态、风格是根据设计人的审美理想、场地的现状、业主的要求等逐一分析研究后构思立意而展开设计的。在挖掘的河床外轮廓的形态把握上，在用土方堆积成土山的形态上，都会深入思考、反复推敲，用不同的材料和手法寻找最适合的方式来表现理想的山水风景。

筑山贵在峦。筑山时要注意突出山顶，注重山峦的高低错落，忌讳山峦排列一溜平。筑山造型确定后，山的表皮用什么样的材料布局，风景效果是完全不一样的。如：在堆积的山坡上种植灌木乔木，可形成郁郁葱葱的植物山林；如果将土山堆分成几个大小不同的土包，再在上面栽植地被、点缀草花、放置景石，可呈现出大小不同的绿色小岛式风景；如果人工挖掘河床面积很大，还可以在岸边建造凉亭、水榭、楼阁等观景台。

堆土包成山，铺砂石作水，浓缩的写意山水景观

太湖石围合组成的人工水池，常用在古典园林中

2. 叠石造山

即构石筑山。中国的古典园林中常见的是以太湖石作假山，也有用一般的黄石堆垒而成。叠石造山要注意石与石的大小穿插，石与石衔接与吻合要自然。造山就是要追求山的气势，要浑厚有力，所以需要大石头装点，不能像燕子筑巢那样由小碎石材组成。如果用许多小石头拼凑山，那么视觉中的山一定很假、很小气，有杂乱感，缺乏气势。筑山还包含了筑山坡、土堆，这是常用来突出主题景观的表现手法，也是增强园林的层次感，增添空间的节奏和韵律的设计方法，能使园林风景更加生动而富有活力。

选用方石筑山造景，风格平稳、层次鲜明

3. 立石为山

许多自然景石具有山的形状和美的纹理，可作园林的景石。独立巨大的景石可以石代山。如太湖石具有瘦、漏、皱、奇、丑的特点，奇峰怪石，给人以无穷的想象，既可以选择合适的大石独立成景，也可以两石组景。立石为山的周围可以栽植灌木或草花，也可以是砂砾铺装。日本庭园的枯

山水造园形式就是立石为山的“写意”表现手法。以巨石为山，用砂代水，拿木耙在白砂上划出条条线纹、涡旋纹，形成意向的水流纹样，很有情趣。虽是枯山枯水，但一样有传达山水意境的风味。还可以将景石立在草坪中，景石是山，草坪是水，在视觉上就是一幅美丽的山水画。立石为山比写实山水的表现造价经济、施工方便，管理也很简单，在园林中值得学习和推广。

景石应选择造型轮廓突出，色彩纹理奇特，颇有动势的山石。置石的原则是“以少胜多、以简胜繁”，特别是多个景石组景时，在整体布局上需注意均衡式布局。否则会出现杂乱无章之感。

园林石景常用的均衡式布局：

主石与从石的分布，保持均衡布局

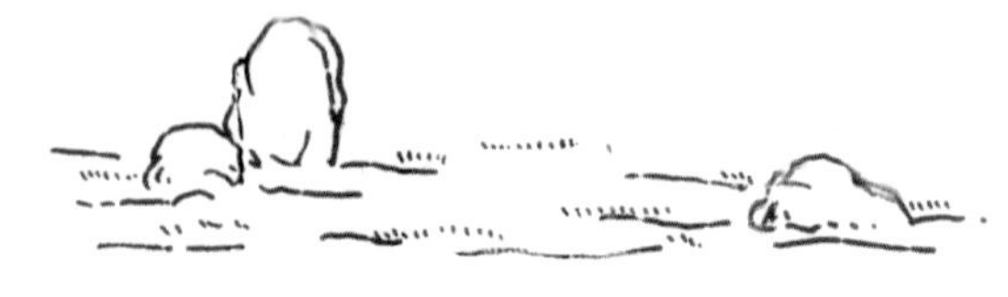
立石大小与均衡布局

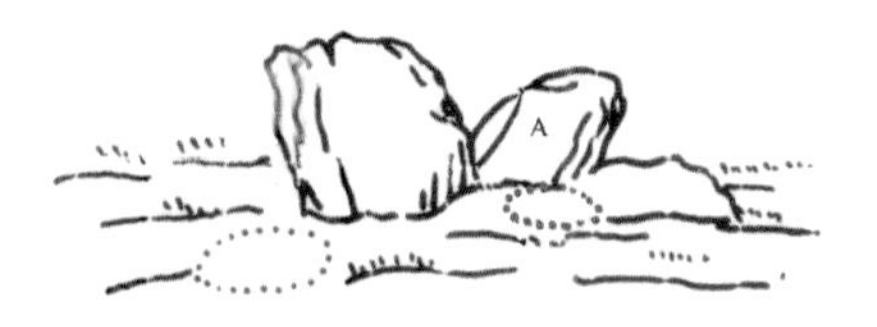

相背而立的均衡，如果丁石没有，在点圈处放置大小均衡布局
不一的石头，一样可形成均衡布局

立石为山，铺砂代水

立景石为山，栽绿草代水

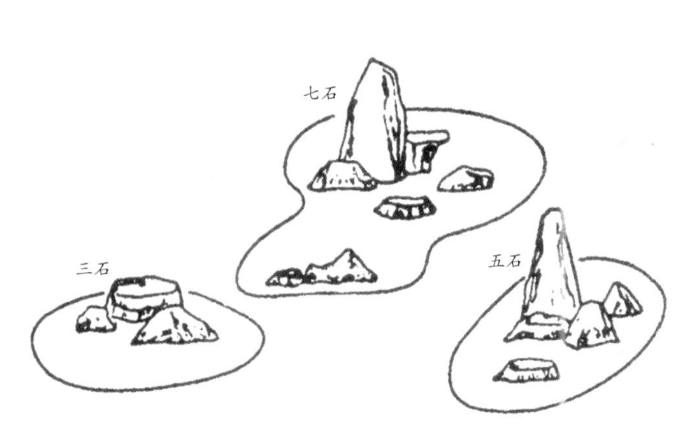

以石代山，以砂代水的山水组合形式

立景石与植物组景

1）山石手绘方法

画自然山石可以用石分三面的表现方法，分为顶面、侧面、受光面与背光面，表现出石头的体积与空间。一般山石带有圆角，因此表达的形状略有不同。黄石比较偏方，石如斧劈，以直线线条为主，造型厚重古朴。太湖石玲珑剔透，以曲线造型为主，以瘦、透、漏、皱为美，有石孔洞窍的为好。其形状奇特别致，可构成如灵芝、巧云、女娲补天等奇石效果。抽象的太湖石给人无尽的联想，有的似云海苍狗，有的像石精灵兽。可以作桌凳，也可以点缀园林空间，构成中国特色园林风景。

不同形态的景石画法一：

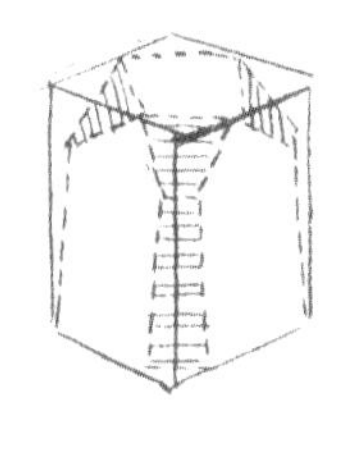

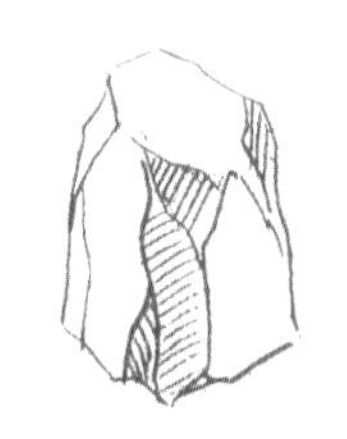

不同形态的景石画法三：

不同形态的景石画法二：

2）山石围池形态参考

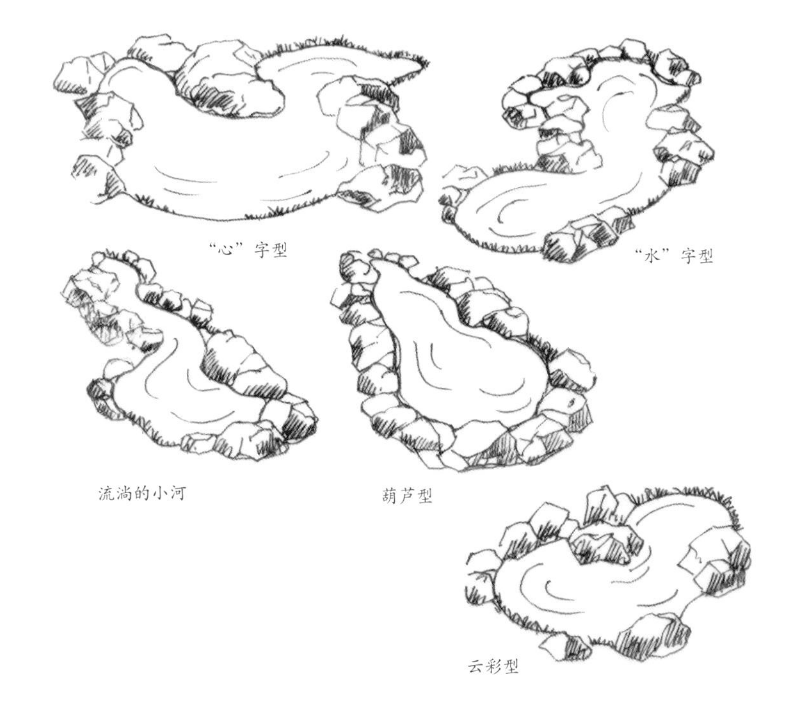

流淌的小溪

葫芦型水池

第二节 园林中的水体

在设计中我们常利用水体的特性点缀装饰景观。如：水池、河塘、小溪流水、瀑布等，让景观更加清新秀美，轻灵疏透，具有生气。除此以外，它还有净化环境的功能，因此在景观设计中对水的利用需更加关注。

1. 自然形态水体

自然水体有江、湖、河、海以及地表的沼泽湿地，还包括江滩、湖滩、海滩，以及水库、泄洪区。在园林水景设计时，要以维护自然生态环境为原则，充分尊重自然水体的美感，尽量不要填埋自然水体的河床、河滩，占用洪泛区土地，或是破坏自然生态的水循环系统。在自然的水体生态植被和动物食物链中，创造或维护水鸟、芦苇、水藻、浮萍、游鱼和水草的共生湿地环境，以净化水体，使之成为城市的绿肺，表现出人与自然的和谐。

清晰的水面如镜，人工景观倒映在湖中

2. 几何形态水景

几何形的水池一般都是由水泥和砖砌构而成，整体形态规整，常用的形态是矩形和圆形，特点就是人工造景风格突出。是现代城市园林、小区花园中常见的形式。几何形水池有静有动，静的水池一般在水池中或水池的边角放置雕塑或花钵；有的与花坛相结合；还有的在池边栽植植物，如睡莲、荷花等水生植物。但水生植物不能配置太多，否则遮盖了水面，则失去了水景的观赏特点。

动的水池做法一般会安装喷泉或瀑布装置，突出水的活力。喷泉的水声不仅可以吸引人们的观景视线，同时也活跃了园林的气氛，水的雾气还可以滋润空气。特别是夏季炎热之时，清凉的水雾能给人们带来凉爽的舒适之感，因此很受市民的欢迎。

在小溪旁点缀种植美丽的花草，使自然中的小溪流水变得更加美丽

3. 小溪流水

自然中的小溪流水给人们一种特有的亲和力，因此也被逐渐引入园林中。有模仿自然的小溪流水，也有梯式的人工跌水小景。小溪曲涧，以石砌梯，形成阶梯式，四周种沿阶草或书带草，令溪涧生绿苔，平日溪水潺潺，清凉宜人，形成水石景观。水受流体力学的控制，从隐蔽的山石后面自高而下流出，绕园而行，分别形成水口、水池与小溪。溪水令人有幽静的感觉，山石可平添古意，水石相伴，相互映衬。

有趣的现代阶梯跌水景观，艺术表现力强，隐喻了水的力量

4. 瀑布水景

人造瀑布一般是用水泵或自来水管引水上山，沿峭壁、悬崖、山洞、山涧飞流直下，或者在山顶蓄水，开闸放瀑布，使之产生水流倾泻而下的水声，营造水景的活跃气氛。瀑布可以形成水帘，在阳光下形成水雾和彩虹，也可置人工泻槽，让水自高处落下，发出哗哗的流水声，形成高山流水的景观。

大型瀑布水帘与现代雕塑喷泉水系结合在一起，丰富了水景特色

5. 喷泉涌泉

随着时代的发展，喷泉的造型也有了丰富的变化。其主要喷泉形式有：往地面冒水的涌泉、飘出柔美弧线的喷泉、跳跃舞动的喷泉、水柱式的水花喷泉，还有随着音乐上下起伏的音乐喷泉。总之，水静时如镜，动时则千姿百态。运用科技方段将灯光、音乐、声响融入到水景中，水景造型的声效、整体视觉效果都出现了空前未有的发展，在现代风景园林中被广泛使用。

修剪整齐的绿篱围合的几何形态水池，既安全又美观

园林草坪配有定时喷泉洒水，既养护了草坪又美化了园林

涌泉与喷泉结合在一起，增加了园林的活力

细细的曲线交叉，喷泉小景清新柔美

喷泉与植物雕塑结合为一体，增加了水景的观赏趣味

几何形态的现代园林山水小景，十分宁静优美

利用雕塑的倒影增加水面的宁静美丽之感

第三节 园林水景配置小品

水景中适当添加艺术小品可增强园林的观赏特点。最常见的就是在人工河上架景桥。我们说的“景桥”绝不是一般意义的桥，景观桥造型设计要求比较高，桥本身一定是美观的，可自成观赏点，也可融入园林的自然风景中。从造桥的材质上分，有木桥、砖桥、石桥、铁桥等；从形态上分，有拱桥、曲桥、廊桥、亭桥、断桥、折桥等，皆能成为园林的观赏美景。

中国传统桥梁通常是桥上有额，额上提名，桥上有桥联，点出美景。水上石舫为不波航，不系舟，可以作为水上波宅之舟，在船上喝茶娱乐，看水景，十分惬意。沿水岸可以筑水榭、建长廊，方便欣赏沿河景色。水上建筑又可以与湖山对景，锦窗外湖光山色、美不胜收，春夏秋冬各有特色，给园林带来丰富的观景视角。水景边除了建造建筑外，雕塑也可以为水景大添光彩。凡尔赛宫苑就是一个典型的优秀案例。宫殿平台下的水池边分布了 10 个群组的不同男女河神的卧姿塑像，增添了整个水景的艺术气氛。艺术作品放入园林中，可大大增添园林的艺术氛围，园林景观的品质也由此获得提升。

鱼使水活，鸟使景生。水禽鱼类可以增添水景的活力。天鹅、雁、鸭、鸬鹚、鸳鸯、翠鸟等，都是极具观赏性的水禽，可以适当选择添加。水禽与水景动静结合，融为一体，可形成有趣的画面。水中还可以放养观赏性强的金鱼和红鲤。养鱼可以净化水体，又可以引翠鸟、鸬鹚等水禽，使之构成稳定的食物链循环系统，形成良好的自然生态环境。

水景种植水生植物也可增加生气，如睡莲、王莲、荷花等，岸边可以种植鸢尾、芦苇、水竹芋等植物。夏季可观赏莲花、睡莲的花形花色之美，秋季可观赏芦花茸茸的飘逸景色。水景中种植水生植物还可以净化水源，形成良好的水景生态环境。

玉板桥，桥拱似月，造型优美

三条鱼共舞的雕塑与喷泉花坛结合，组成了园林景观的亮点

水池中有天鹅在游动，增添了园林的活力

被绿荫乔木衬托的古色古香的红木桥

桥与植物花钵结合，形成一道靓丽的风景

一般设在水边的雪见式石灯笼

贴近水面的木桥更便于观赏丰富的水生植物，可提高观赏价值

折桥，在曲折中见韵致，便于观鱼，同时也不影响中间过道的行走

车轮滚滚的桥围栏增加了园林空间的生动趣味

吉祥纹样石板地面涌泉喷口，在观赏水花起落时可欣赏到老街文化

街区小公园的一组三个托盘式喷泉，喷出美丽的水花，造型别致

游泳池边的蜗牛雕塑小品增添了一些童趣

Chapter

第五章 风景园林的植物配置

风景园林的植物配置不是单纯的绿化种植，而是注重提升植物配置的美感，为了更愉悦、畅快、舒适的优雅环境而设计。

风景园林的植物配置以美化环境、渲染环境、调节环境气氛、营造宜人的风景环境为目的，因此在一年四季的植物观赏上要求比较高。需要有一年四季多变的风光，有不同的观赏价值，让园林风景像一幅幅美丽的画面一样精彩纷呈。春季桃红柳绿，鸟语花香；夏季百花齐放，绿荫遮阳；秋季万紫千红，果实累累；冬季银装素裹，婀娜多姿。丰富的园林植物的画面要求我们，在植物配置设计时必须把科学技术与审美艺术相结合。在了解各种植物的特性、生态性以及生长规律的基础上，还要学习和掌握一些形式美法则，提高自我的审美能力。特别是要熟悉掌握不同植物在不同季节的审美特征，结合艺术设计原理适地适树地合理配置，充分发挥植物与植物相互辉映的配置方法，实现植物设计科学与艺术的完美结合，不断满足现代人求新、求异、求美的审美情趣，打造出丰富多彩的、人们喜爱的植物景观环境。

第一节 植物的地域性与文化内涵

1. 植物的地域性

营建绿色生态环境，在植物种类的选择上应考虑适合于该地区、地形、气候、土壤和历史文化传统等因素，不能由于猎奇而违背自然规律。首先要重视地方树种花木的种植，以求易于生长，形成地方特色。如四川成都称蓉城，以芙蓉花为特色花卉；洛阳称牡丹为花王；福州以榕树为特色；海南以棕榈为代表；扬州以柳为特色等等，当地的园林景观绿化就往往以上述这些地方树种为主。其次，在设计园林景观时，应考虑景观植物，保护特色树种，尽量保护已有的古树名木，因为一园一景易建，古树名花难求。对于景观立意，可以借用植物来命名，如以梅花为主的梅园，以兰花为主的惠芝园，以菊花为主的秋英园，以翠竹为特色的个园、翠园。在梅园中可建梅园亭，遍植红梅、白梅、蜡梅；翠竹园可以建潇湘馆、紫竹院，以形成特色景点。

牡丹象征富贵荣华，人们称它为“花中之王”，因此传统园林常用它

海棠花的寓意是“富贵满堂”

2. 植物的文化内涵

在中国传统文化中，经常会用到以花木比喻人物的拟人手法，在选择景观绿化植物时也可对此加以考虑。如以松树代指文人士大夫，松树的伟岸与苍古挺拔象征人物的气节，泰山有五大夫松。桂花为月宫中树，故称仙子，与月中嫦娥相伴，有吴刚捧出桂花酒的诗句为证。海棠被称为神仙，寓意为“富贵满堂”。草花中有虞美人花，相传是楚霸王的虞姬泣血而成。竹子深受人们的喜爱，古人称竹子为高风亮节的君子，门前门内种竹子，称“门内门外有君子”。苏东坡曾写有“宁可食无肉，不可居无竹”的佳句。而菊花则是隐士陶渊明的花，秋菊傲霜，是中国传统士大夫的精神所向。岁寒三友，松、竹、梅，如诗如画。落叶乔木玉兰花比喻“玉堂富贵”。广玉兰为常绿乔木，四季成荫，种植于庭院中，前面有金鱼池，比喻“金玉满堂”。桂花（金桂、银桂）为常青乔木，种植于门前屋后，是中秋赏月的佳处，有“蟾宫折桂”之意。

古典园林常用竹子，称竹子为高风亮节的君子

第二节 植物的配置原则和方法

树木植物是建造园林的主要材料。如何使用这些材料设计出最佳的园林风景效果呢？首先要遵循植物生长的客观规律，熟悉植物的生态特性和美学特征。其次是要了解现代人的审美心理，合理、科学地设计和配置园林植物，这样才有可能设计出深受大众喜爱、自然美观的风景园林。因此学习园林设计必须对植物的配置原则要有所了解，否则很难胜任园林设计工作。

喜湿润的杨柳、水杉等植物适合栽植在水岸边

1. 根据植物的习性科学配置

不同的植物有不同的生态习性，对土壤、温度、气候、移栽季节、喜阴喜阳、耐干耐湿等都有不同的要求。不了解植物的习性盲目设计种植必然会带来经济上的惨重损失。如果把喜阴的植物栽植在终日阳光照晒下，植物很容易枯死；相反，若将喜阳的植物栽在阴地内终日不见阳光，那也会出现植物生长不良的不健康状态。因为这些都违背了植物生长的自然法则。

顺应植物的生长规律，科学地按照植物的性能来设计植物的配置，是设计中首先要考虑到的问题。因地制宜，选择该地区适宜生长的植物是最安全的做法，可以保证植物的健康生长。另外，栽植的间距与空间大小的确定也是需要考虑的，要想到植物成长后的伸展空间。

有的植物喜水喜湿，种植在河岸边很适宜。如杨柳、水杉、枫杨等。有的植物耐干旱，可以配置在高地，这样不用担心因缺水而使植物发生干枯现象。总之，熟悉和了解植物的特性，合理进行园林植物配置设计，可以减少不必要的经济损失，确保植物在园林中发挥出特有的自然美的作用。

按植物的习性配置：水生植物睡莲种植在水中，湿地植物鸢尾种植在水边

2. 根据实用功能的需要配置

植物具有构成空间的机能。它和建筑材料相似，可以构成园林空间。但它与建筑材料不同的是：植物具有生命的活力。树木的密集排列栽植可以形成绿色的墙体，即绿篱。绿篱可以分隔空间，围合空间，可以像建筑砌墙一样有明显的空间包围感。绿篱可直可曲，因此其围合的空间形态也会随之发生变化。

有的乔木树冠大而可以遮阳，是天然的一把遮阳伞。因此，伞形树木很适合在休息区域配置，体现植物的实用功能。

落叶树夏日可以遮阳

可遮阳成荫的树有：榉树、香樟、合欢、槐树、梧桐、樱花树等。

除此之外，植物还具有导向作用。植物的不同栽植法可以体现出不同的实用功能。如膝高（H0.3~0.6m）的植物列植成排，能产生导向作用；腰高（H1m 左右）的植物列植可作交通的分隔带；胸高（H1.2m 左右）的植物列植则有明显的分隔空间的作用；植物高于眼部视觉（H1.5m 左右）的列植则有被包围的私密空间感。

植物的美感可以遮挡生硬的建筑物体，起到柔化建筑物体的作用。同时，园林建筑、景桥、景墙、园路、雕塑、景石、台阶、花坛、花架等园林景观小品，也烘托了园林自然景色的观赏气氛。

3. 体现植物美感的艺术配置

首先，植物是成长变化的，因此它具有动态之美。比如落叶树，一年四季都在变化。初春是落叶树吐绿芽，长新叶的季节，黄绿色的落叶树给园林风景抹上了一层淡淡的春绿；还有许多落叶树初春开花，如樱花树、桃花树、梅花树、海棠树等等。夏天落叶树是浓浓的绿荫。秋天落叶树枝头尽染，有红色、黄色；还有的落叶树结果实，具有较高的观赏价值。银杏树、黄连树、榉树、樱花树、枫树、梧桐树、乌柏树、鸡爪槭、马褂木、水杉等等都是观叶树。橘子树、柿子树、苹果树、梨树等等都是结果树。冬天的落叶树都成了裸枝，自然的树姿形态各异，也很具有观赏价值。如榉树、龙爪槐、乌柏树、青桐树、石榴树、紫薇、蜡梅等。因此，从观赏角度出发，适当地配置不同季节的落叶树是园林风景构成丰富变化的基本手段。

其次，植物的配置可以给人们带来五官、心理等方面的美感：视觉美、嗅觉美、触觉美、听觉美、意境美。这些美感建立在植物景观的构成元素中。如花香树木有腊梅、海桐、栀子花、桂花等，花开时园林中会飘散着迷人的香味儿，沁人肺腑。配置不同的植物，营造出的环境气氛也大不相同。比如：设计鸟语花香的环境，首先在植物配置上得想到，招引鸟儿的果实树木有哪些，如罗汉松、桑树、桃树、柿树、桃叶珊瑚、草珊瑚、海桐、杨梅、枣树等。其次是考虑那些一年四季花开不断的树木和植物，找到了这些基本素材后再加以合理地美化配搭，才能设计出理想的景观环境。

夏季树荫下的环境是人们喜爱滞留的舒适环境

夹景将视线集中在列植的尽头焦点上

丰富的花卉植物围绕衬托着凉亭

春季是大多数花木盛开的季节

另外，植物配置的形式美感，要从植物的形态、色彩、观赏价值等方面来考虑。形与色是构成视觉语义的基本元素，掌握形式美构成法则，将其运用到植物的配置上，这就是艺术配置的主要方法。如：对比、调和、对称、均衡、韵律、多样化的统一、统一中求变化等，需要我们系统地研究和学习。

一般常用的点景配置植物类包括：书带草，又名麦冬草；四季常青，栽于假山下、曲径旁、石阶边，有春意盎然之趣；红枫，落叶乔木，栽于黄石旁，有秋意；蜡梅，落叶乔木，栽于石英石假山下，有冬意。桃树、柳树，落叶乔木，一株桃花一株柳，栽于水湾道边，有闹春景象。翠竹丛中，四季常青，安置柏果风景石，有雨后春笋景色。兰草，植于湖石假山丛中，有画意。

冬季的裸枝树姿

4. 园林常用植物配置方法

孤植：乔木或灌木可采用孤立种植方法，突出树木个体美。

对植：是一种对称和均衡的种植方法，按轴线关系显现对称美。

丛植：丛植是指二至十多株异种或同种的乔木、灌木，以两株配合或三株配合种植的栽法。

混植：将植物混合栽种，能体现自然的美和变化的美。

列植：指做队列状种植，体现整齐的序列美。

林植：指做丛林状种植，体现林木茂盛的美。

篱植：指做篱笆墙状种植，可起到围合、遮挡的作用。

孤植

对植

混植

列植

丛植

篱植

林植

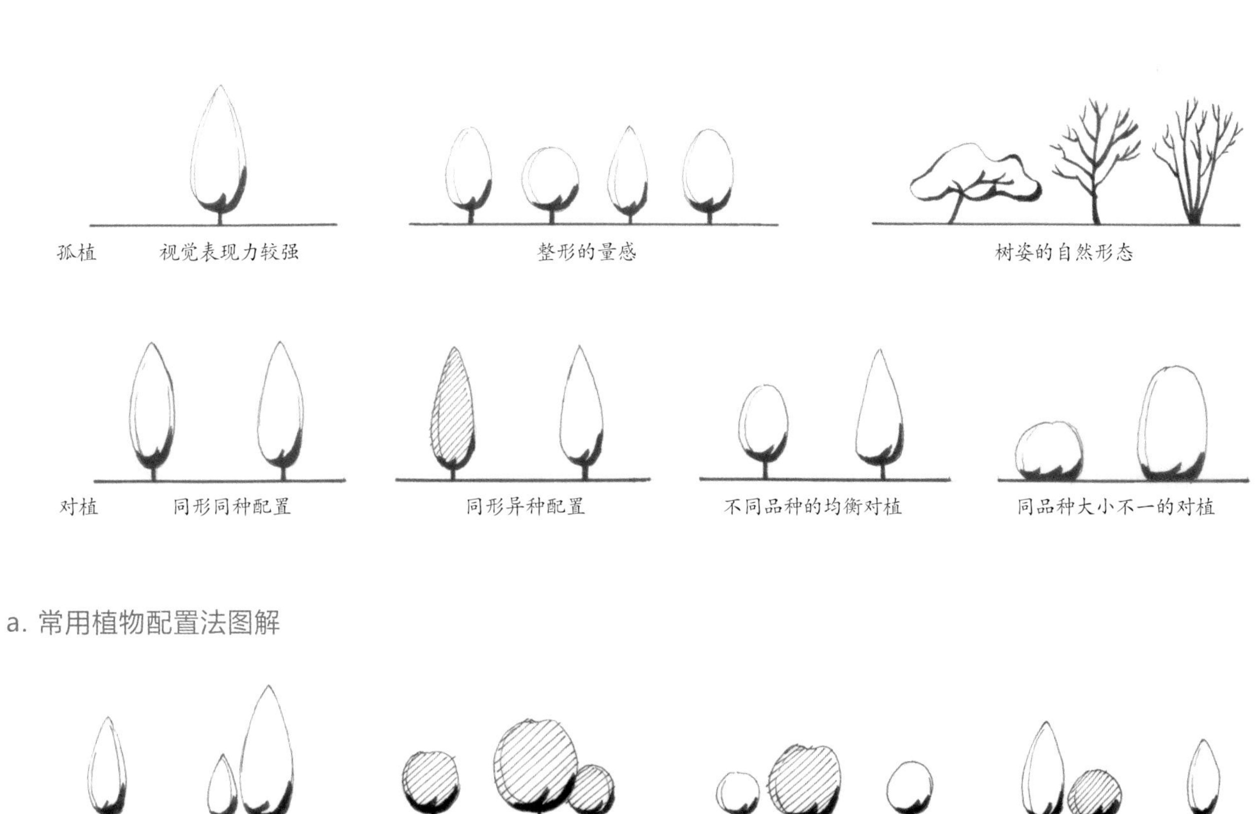
孤植
视觉表现力较强
整形的量感
树姿的自然形态
对植
同形同种配置
同形异种配置
不同品种的均衡对植
同品种大小不一的对植

a. 常用植物配置法图解

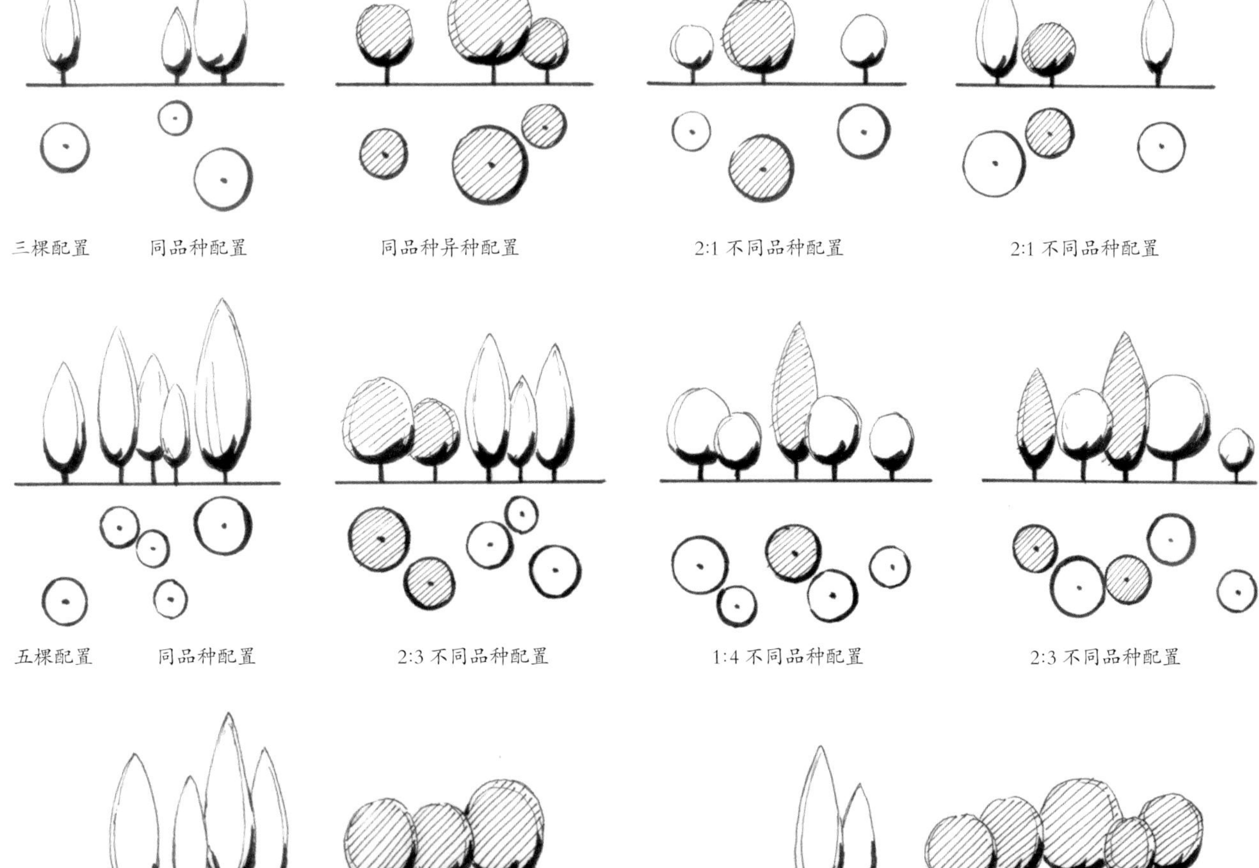
三棵配置
同品种配置
同品种异种配置
2:1 不同品种配置
2:1 不同品种配置
五棵配置
同品种配置
2:3 不同品种配置
1:4 不同品种配置
2:3 不同品种配置

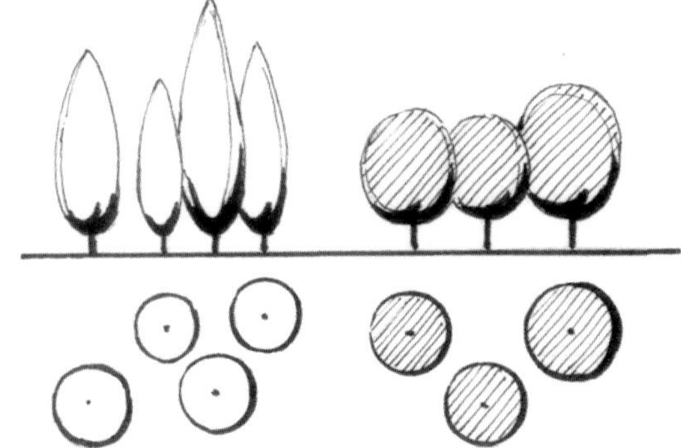
七棵配置
4:3 不同品种配置

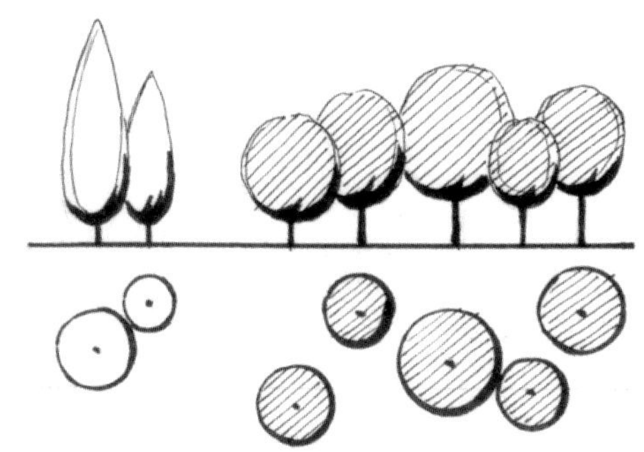
2:5 不同品种配置

b. 不同植物形态的巧妙配置

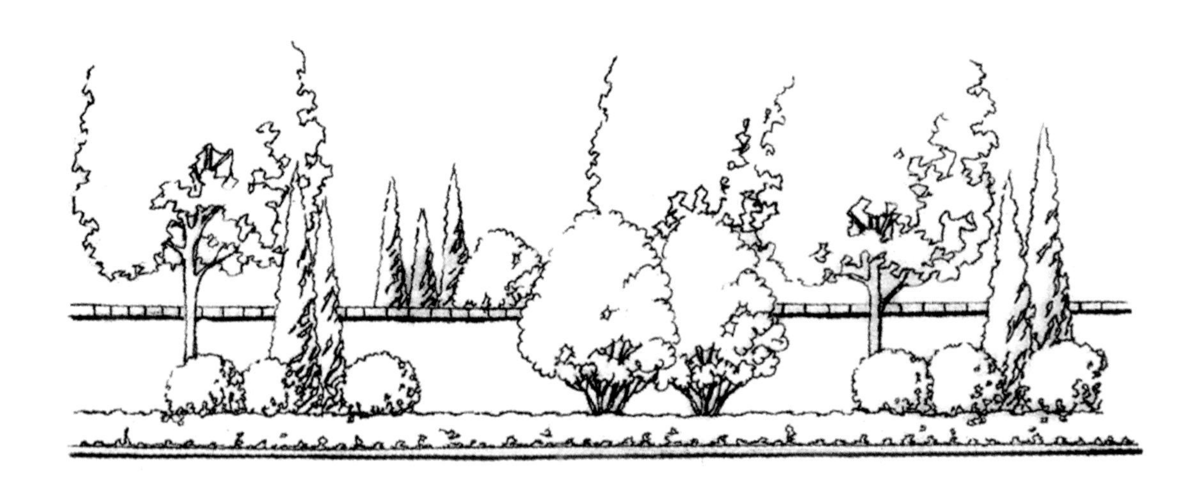

c. 视野的造型与植物配置设计的关系分析

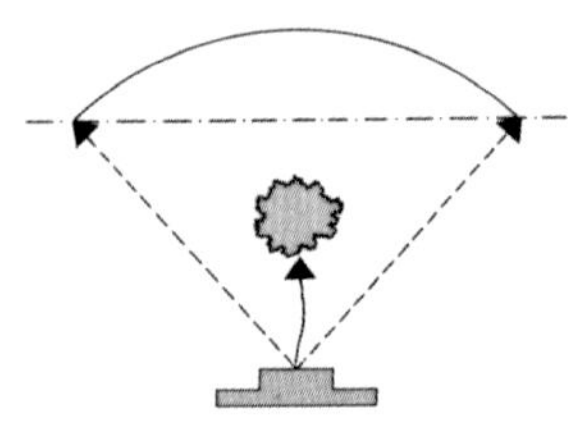

中心视野受阻

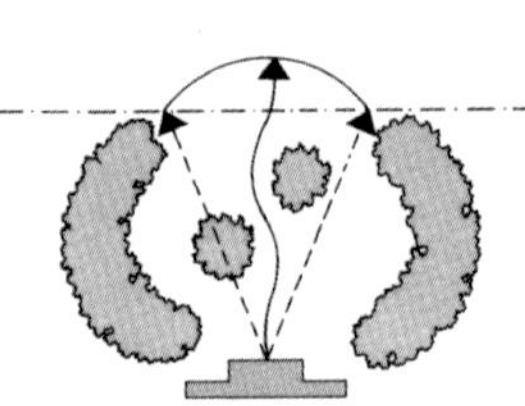

视野固定并受阻挡

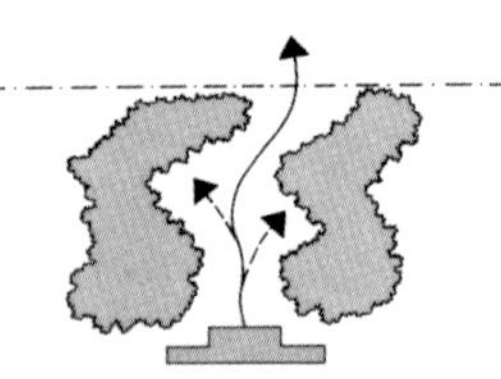

植物曲折栽植，限制视野

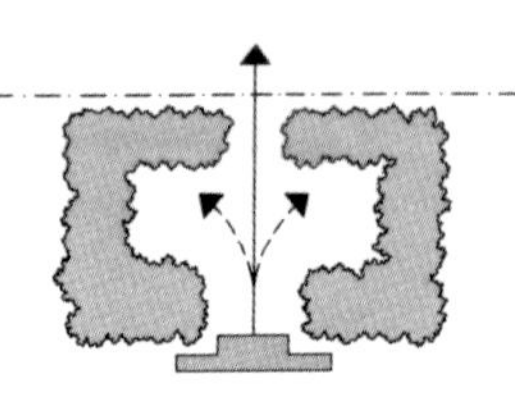

植物对称栽植视野形式化

d. 常用植物配置法解析

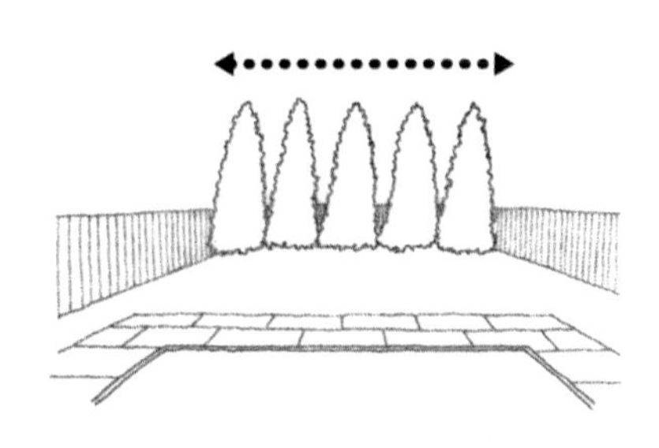

同类树木的列植比较单调

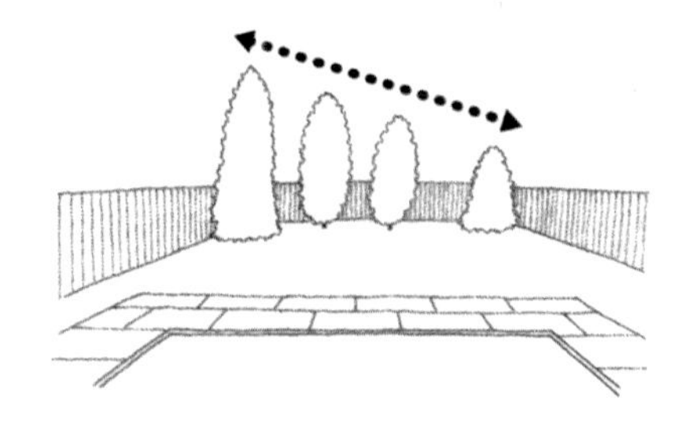

递增递减的植物配置很不自然

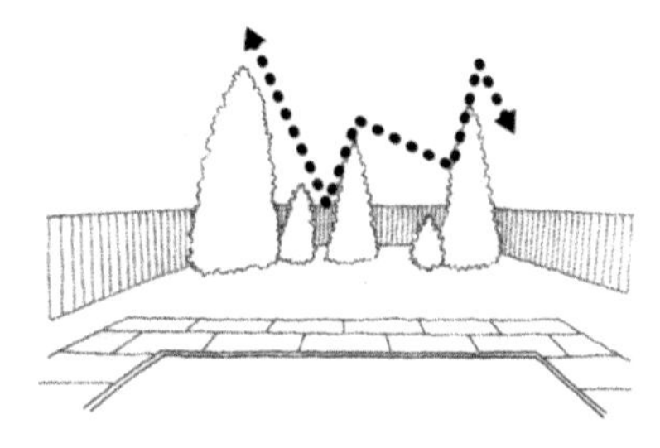

高低不一的植物配置比较自然

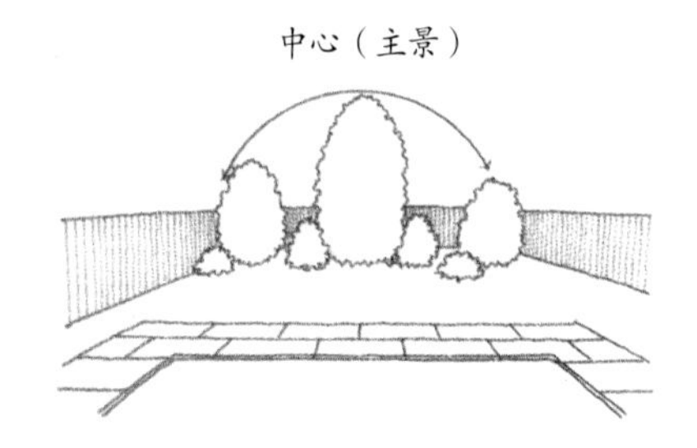

中间突出、两侧矮树对称配置感觉空间小

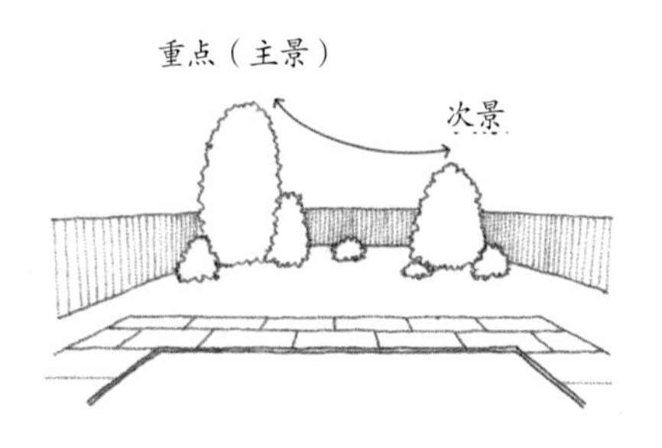

主次景分别布置在角落感觉空间大

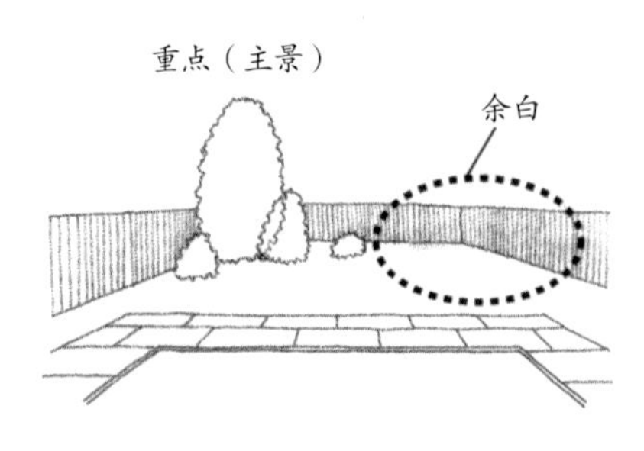

突出主景一角、留有余白感觉主景更美

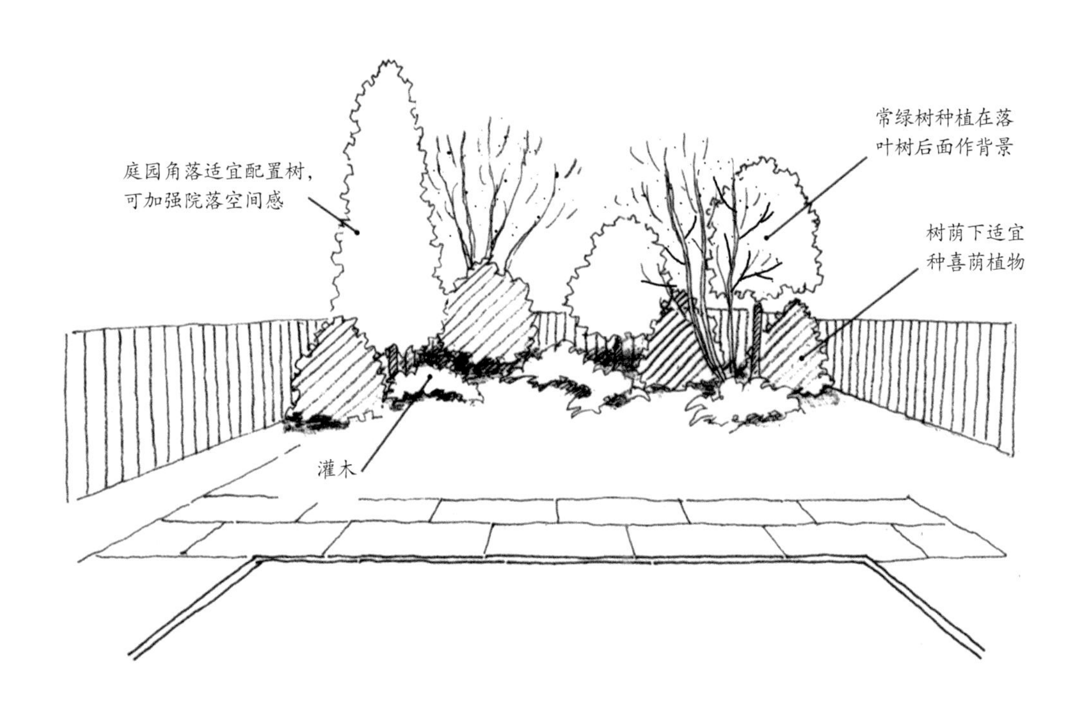

第三节 植物的绘画表现方法

植物是园林设计方案中不可缺少的重要表现部分，因此植物的手绘表现方法是学习园林设计必须掌握的技法。要准确表达园林设计方案的效果，首先要对各类植物的不同外形、树姿特征、枝叶的生长等特性加以了解和掌握。平时多做些植物写生、观察、绘图的练习。外出时多注意观察各种植物的生长姿态，有意识地积累不同的植物特征，学会区别植物之间的不同特点并加以记忆。切忌将各种不同的植物树木画成千篇一律的样式，若是把松树画成柏树，把常绿树画成落叶树，就不能准确地表达设计出的效果，直接就会影响到设计意图的表达。

1. 松树的画法

画松树首先要注意抓住松树主干的动势，在确定主干的形态之后根据枝叶的伸展画出它的外轮廓，然后在限定的轮廓中画枝干和松叶。具体画法见图示。

松树的画法：

2. 柏树的画法

柏树大多数都是圆锥体，只是枝叶和生长趋势有所不同。有的是枝干向上翘，有的是枝叶横向伸，但是基本上树干都被枝叶遮挡，形成下粗上尖的圆锥体。画柏树只要把握住整体的圆锥体和针叶的特征来表达，就比较形象了。表达方法有多种，可以先从临摹开始练习。

柏树的画法：

3. 常绿阔叶树的画法

常绿树的枝叶结构一般长得比较紧密，树形清晰，画时要注意树的外轮廓特征。先画树的外形，再根据光线走势画树叶。接近光源的枝叶清淡疏松，暗部的枝叶浓黑密集。画时可将其分成组来画。树叶的层次和立体感的表现，还可以在用笔上加以表现，用轻重、缓急、深浅、大小来区分前后的关系。

常绿树的树叶有朝上长的，也有朝下的。可以根据实际情况在基本形上加以替换后变为其他所需的树种。

总之，画常绿树的关键是以抓住树木的整体形态为准。

1）常绿树作画步骤和画法

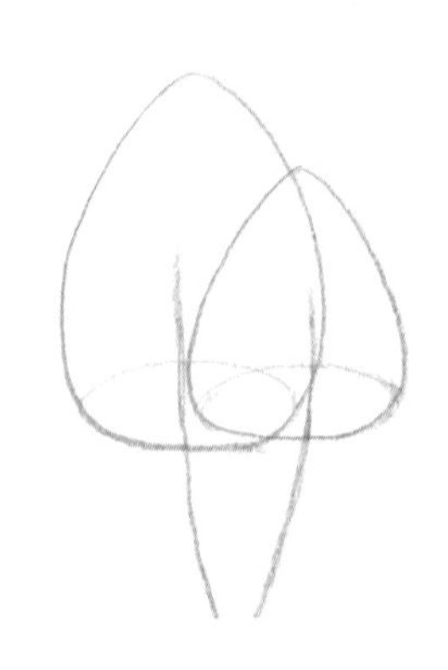

a.

手绘常绿乔木与实景对照参考

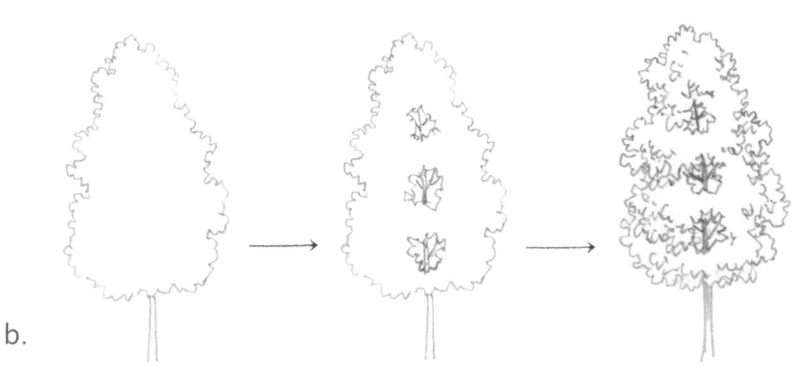

b.

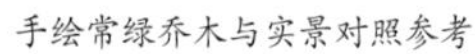

手绘常绿乔木与实景对照参考

2）棕榈树作画步骤和画法

棕榈树实景

3）树形相同、树叶不同的情况下可替换树叶

手绘常绿乔木与实景对照参考

4. 落叶树的画法

落叶树表现手法多种多样，根据自己的喜好选择即可。可以先画一组一组的树叶层次，然后添加树干，也可以先画树枝的主干和枝干，画时有意留出一些空白，然后再画一组一组的树叶。也有不画树叶只画树干和树枝的，一般画冬天的树可以这样表达。画冬季的落叶树主要表现树的枝干骨架，画时要注意层次和分枝的生长趋向，抓住树木的特征和生长形态，笔触要有轻有重，不能平均对待。画枝干时需要考虑到粗细、远近、轻重、疏密等处理方法，笔触要自然。

1）落叶树作画步骤和画法

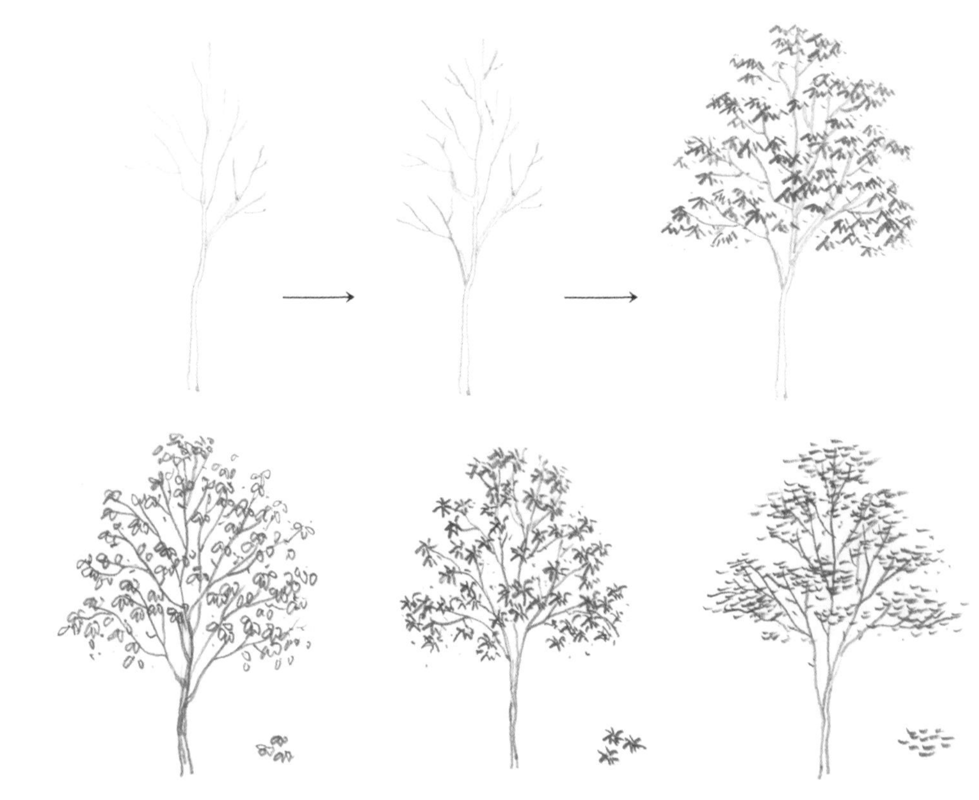

落叶树的枝叶替换画法

落叶乔木实景对照参考

红枫

水杉

2）不同树种的树叶画法

柳条点叶　垂头点叶　菊花点叶

平头点叶　松针点叶　槐叶点叶

个字点叶　梧桐点叶　仰头点叶

椿叶点叶　大混点叶　攒点点叶

落叶树是垂柳，花木是碧桃和垂丝海棠

落叶树马褂木（鹅掌楸）

冬季落叶乔木银杏树实景

冬季落叶乔木白玉兰实景

冬季落叶乔木栾树实景

5. 竹子和芦苇的画法

竹子和芦苇的画法一般是先画枝干。竹子枝干是一节一节的，这一特征要把它表现出来，然后添加竹叶。画竹叶要注意竹叶的交错自然、疏密有致，竹叶一般集中在主干的上半部，下半部表现的是裸露竹竿。芦苇枝干虽然也是一节一节的，但比较细，容易被风吹得倾斜，直接用粗线画出长短不一的倾斜线条，然后在斜线上面添加枝叶就可以了。

1）竹子作画的步骤和画法

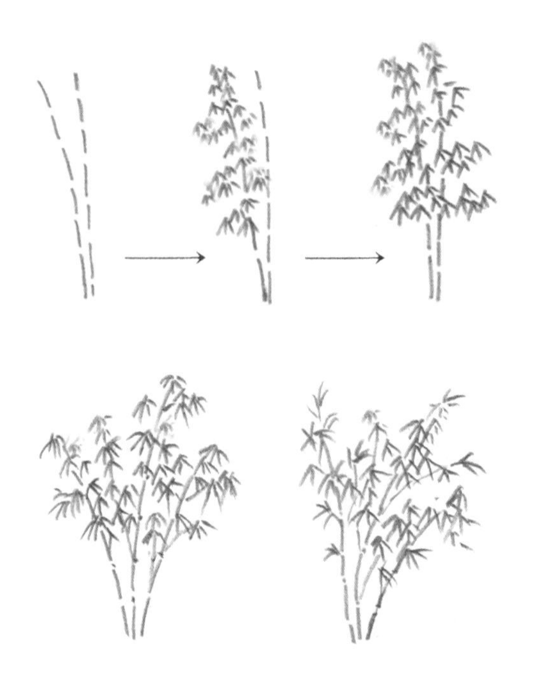

2）自然形态的水生植物的画法

竹子类植物

3）芦苇草丛的画法

芦苇类植物

5. 灌木的画法

灌木的画法基本和画乔木一样，也有常绿灌木和落叶灌木之分，只是树形较矮。灌木与乔木的不同主要区别在树干。一般灌木的树干不能长成材，多为丛生枝干木本植物。因此画灌木时掌握了灌木枝干的基本特征就可以。平时需多关注不同品种的灌木形态，这样可以帮助我们抓住各种植物特征，设计表达更准确。

1）自然形态的灌木画法

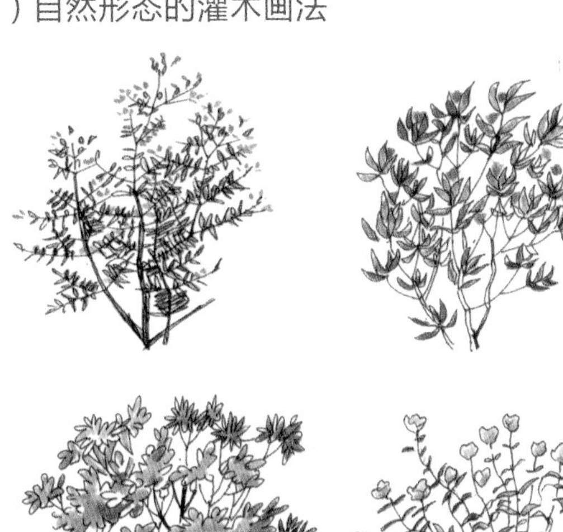

落叶灌木树叶结构松软

落叶灌木金焰绣线菊

常绿灌木树叶结构紧密

常绿灌木红花檵木

2）修剪成半圆形的灌木作画步骤和画法

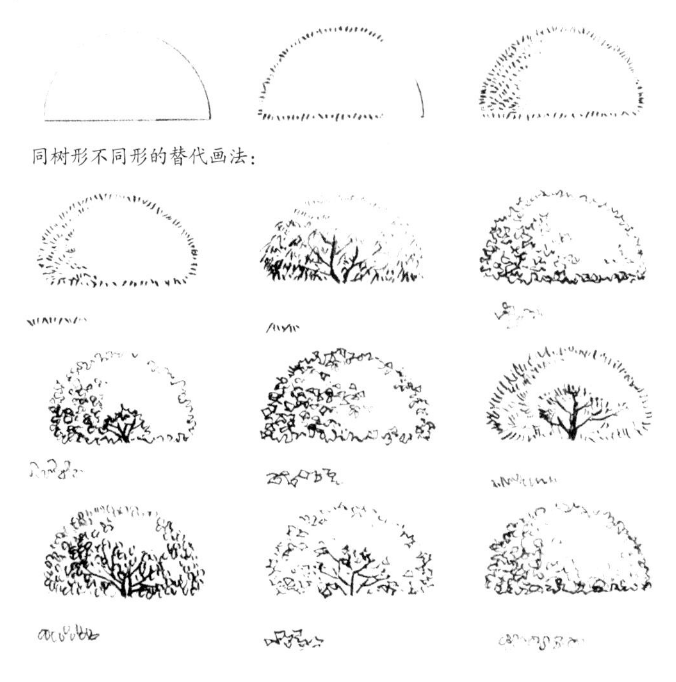

修剪成半球体的灌木迎春花

修剪成球的灌木小叶黄杨

3）修剪成球的灌木群组画法

7. 绿篱的画法

绿篱的作用是分隔空间，因此栽植比较密，以形成一道绿墙。画规整的绿篱时一般在长宽高的基本体块上作画，画时除了注意植物的生长结构外，还要注意体块因受光面不同所产生的黑、白、灰植物面。

绿篱植物实景

绿篱作画步骤和画法

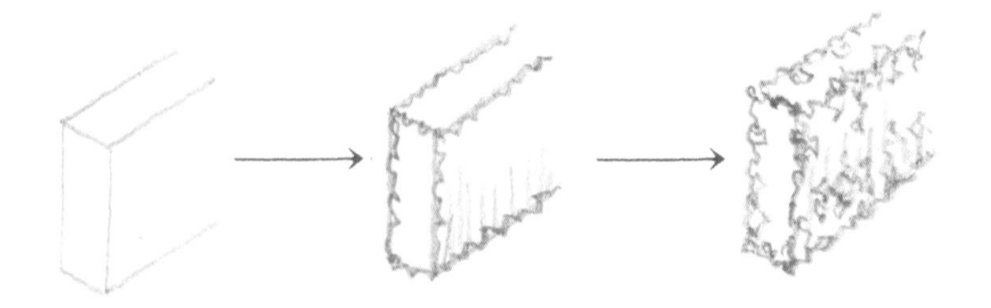

绿篱立面叶纹画法

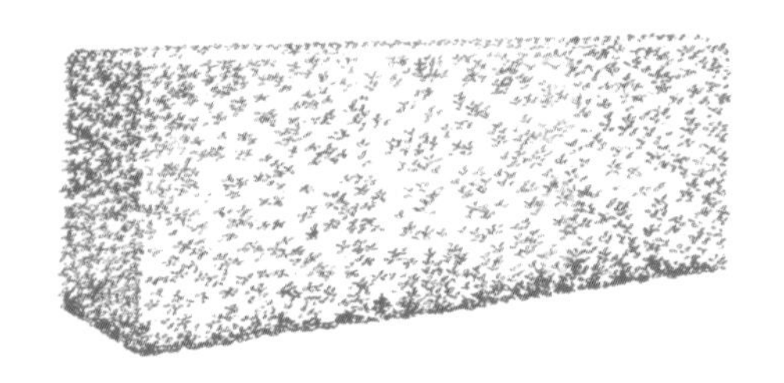

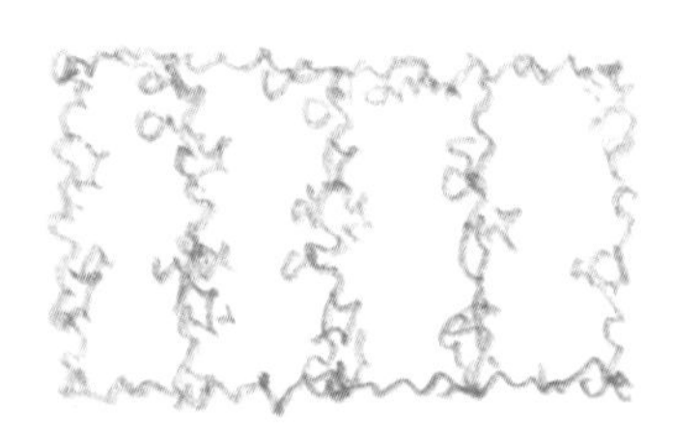

8. 藤蔓植物的画法

藤蔓植物一般是以画树叶为主，用连贯缠绕的画法，尽可能画出自然盘绕的感觉，树叶要画得有疏有密，之后在穿插的树叶中添加时隐时现的藤蔓植物主枝干。

1）藤蔓植物的枝叶基本画法

手绘藤蔓类植物，实景对照参考

2）藤蔓植物的一般画法

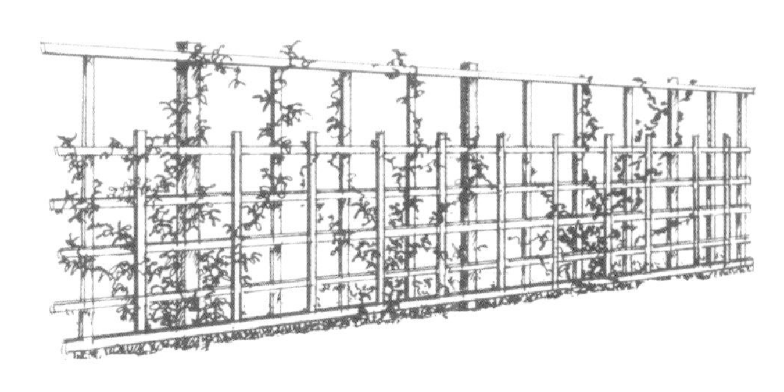

9. 植物绘画在设计中的运用范例

园林植物配置效果一

园林植物配置效果二

园林植物配置效果三

私家花园植物配置效果一

私家花园植物配置效果二

Chapter

第六章　风景园林的设施配置

在风景园林中提供舒适又美观的配套公共设施十分重要，它不仅可以为园林风景锦上添花，更是人性化设计的充分体现。园林中常用到的公共设施主要包括花架、栅栏、花坛、坐凳、园灯、垃圾箱、标识、雕塑等。作为园林景观中的公共设施，可以和园林风景整体风格相协调，也可以考虑利用公共设施的系列化配套设计贯穿园林空间，起到组景或添景的作用，形成独特的园林风格。

风景园林设施造型设计多种多样。造型独特优美的公共座椅放置在美丽自然的风景中，既点缀了风景，同时又给人们提供了置身于美景中休憩观赏的好环境。公共座椅与花坛结合，可以增添园林景色；与花架结合可以丰富园林空间；园灯可以为园林夜色添彩；园林雕塑可以增添园林的艺术氛围，使园林景观更具有吸引力。总之，园林设施的配置设计不仅仅是为了满足人们在其功能上的需求，还要兼顾满足当代人的审美要求。因此可以说，园林设施的配置设计是如何将公共设施很好地融入园林景观中体现人性化、艺术化的整体设计。

第一节 花坛、盆栽造型与布局

花坛作为装饰园林的重要元素一直深受人们的喜爱，园林设计中常用它来装饰水景、雕塑、台阶、园路，角落等不同空间。花坛的造型由围合的材料和形状所决定，现代的材料不断更新，使花坛的造型也丰富了起来。过去的花坛一般都用自然石头围合，也有用砖块砌成的，围合的形状各种各样。用自然石头围合的花坛大多数是不规则形，与自然风景十分融洽。用砖块砌成的多为几何形状，如：长方形、方形、圆形、椭圆形花坛都属于几何形。圆形和椭圆形花坛要比矩形活泼。圆形花坛具有围合中心、突出中心的特点，常会设置在交叉路口和广场中心。为了突出以花坛为主景，常常会将花坛设置为多层，并在花坛的高处中心点位置放一个雕塑，为强调和突出园林的一个中心点，以此引起游客的注意。花坛的形式可以结合坐凳设计，既是花坛的边缘又是人们的坐凳，可一举两得。花坛坐凳的高度一般设计在450mm左右为宜。

盆栽也是园林中常用来装饰点缀空间的手法之一。在节日期间，用丰富多彩的花卉盆栽可以增加园林的热闹气氛。特别是在硬地铺装的空间内放置花盆装饰十分适宜，花盆可以移动也可以组景。一般在休息区域或园林出入口处放置花盆为多。盆栽可以随着季节的变化选择和配置季节性花卉，搭配出色彩丰富的花卉盆景。在园林布局时，盆栽比花坛更具有灵活性，可以根据不同的空间需要配置不同的花卉植物，如角落、出入口、台阶两侧等，都可适当摆放。盆栽的器皿款很多，有传统的雕花式器皿，也有现代简洁的几何型。需要根据不同环境和空间风格选择相匹配的花盆器皿和植物，才能起到与环境既协调又统一，富有变化的美景效果。

花坛时钟也是园林中的一个观景点

与水景结合的花坛

园林中花坛围合的休憩小空间

不同植物盆栽最低土层量参考：

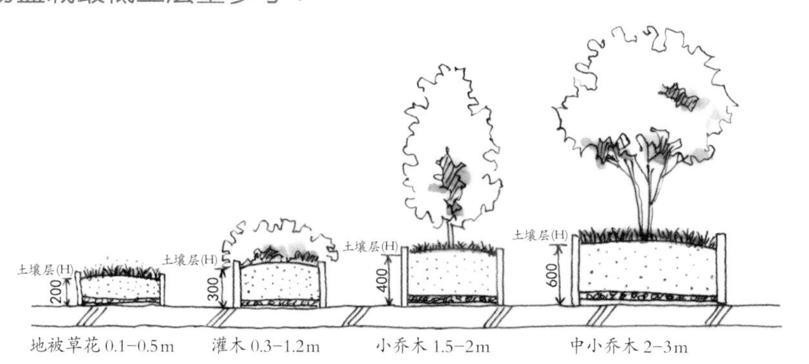

西方古典园林中配套使用古典风格的花钵盆栽装饰点缀花园

可移动的花坛，层层叠加的盆栽中是各色长春花

花坛与坐凳结合

立柱垂吊式植物花球，不影响人们的通行，装饰街头路边十分合适

现代园林常用几何型花盆，盆栽的是蓝星花

垂挂式的盆栽，围绕安全栅栏上挂一圈，美化了园林一角

固定式的立方体盆座与花盆组景

第二节 园椅坐凳造型与布局

园林空间面积越大，坐凳的需求越多，坐凳造型倘若完全一致会显单调无趣。因此，园林的坐凳设计应尽可能结合不同的景观区域整体设计，以融入景观环境为宜，既能入景观赏，又可方便使用。

坐凳可以和花坛结合设计，也可以和雕塑、装置、花架、路灯结合设计。还可用坐凳本身塑造艺术构建的方式，将坐凳组合成美丽的景观。追求既整体又有变化的风格，有时会有出其不意的特殊景观效果。如设计园林雕塑座椅，既有观赏性又有实用性，还能组景造景，可谓一举多得。

坐凳的高度要考虑不同人群的使用需求，应该提供不同高低的坐凳让人选择。儿童和老人的坐凳尺寸不一样，需要人性化地思考设计。园林中设置坐凳意味着提供休息停顿和观景的邀请，因此坐凳的正前方的景观布局十分重要，需要合理化考虑。而在小空间内围绕向心力布局坐凳，可提供给人们交流的环境；相反，保持一定的公共距离的坐凳布局，也是为了适应一部分喜欢安静的人群的需要。总之，设计不同的园林休憩空间可以让人们有更多的选择。

坐凳与长条植物带搭配，形成统一而有变化的美丽韵律

玻璃钢材料做的红方凳和木站台与树木组景，形成了温馨的休憩空间

适合不同人群的公共座椅高度

既是台阶又是坐凳，不同人群可以自由选择高低不一的台阶座位

公园中配置的系列型公共坐登

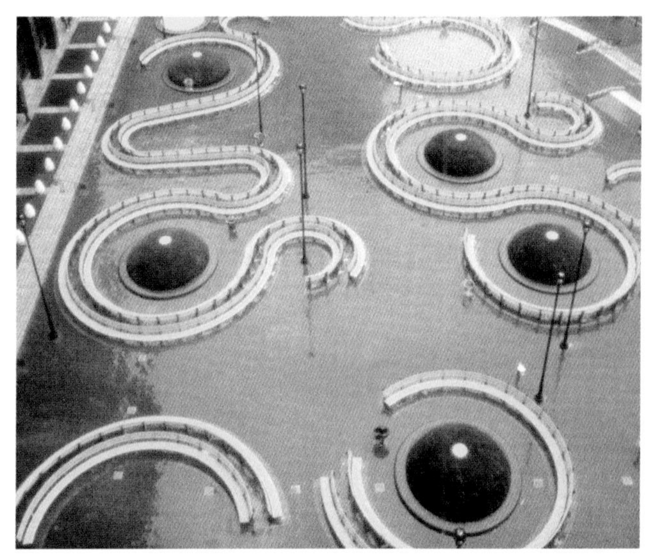

广场中的弧线、流线型座椅与植物包组成美丽的场景

流线型围墙坐凳既是空间围合的墙体，又可任人们选择合适的位子坐下

小火车坐凳是孩子们的休息空间

宁静的环境中设置的花坛座椅造型独特，可满足不同人群的需求

既是园林雕塑又是座椅，一举两得，既能观赏又很实用

坐凳与花架结合的造型可组合不同的休憩空间

铺装小道边设有一条长长的流线座椅，人们走累了随时可以坐下休息

融入特定场景的坐凳设计，具有可分离可拼构组合的特点

坐凳和花坛以弧形对倒的形式连接成一道美丽的园景

坐凳和景墙盆栽结合成整体，具有较强的装饰特点

第三节 园灯照明与布局

园林中的园灯有两种类型，一种是提供晚间行走时的道路照明，另一种是景观照明，这两种是园林中必须配备的不同照明设施，缺一不可。假若只有路灯没有景观灯，园林会漆黑一片，晚间无法观景；假若没有路灯只有景观灯，可能会带来安全隐患。因此园林中提供夜间的照明不仅是行走安全的需要，也是美化晚间园林风景的观赏需要。

园林道路照明还包括园林广场照明。广场照明需要配置高杆灯，而园中小道配置低杆灯比较适宜。不同的面积对照明的要求有所不同。园路主干道灯光照明要求充足、发光均匀的连续照明；而次干道灯光可以略次于主干道，以保证园林道路清晰可见为标准。园路的灯光配置要根据路的宽窄决定路灯的高低。1 米左右宽的小路可以配备低矮的园灯；一般 3~5 人并排走的园路灯柱高在 3 米左右；广场面积大的，一般灯柱在 4~6 米高。灯柱高度与间距的比值一般在 1/10~1/12 之间，需针对具体道路的情况合理配置。如道路中有坡道台阶，可在楼梯处设置地脚灯，增强安全系数，以防黑暗中发生意外。园灯的造型也很重要，不同风格的环境需要不同风格的灯具相匹配。传统园林环境需要配置传统样式的灯具，现代不协调不匹配的灯具会极大程度地破坏整体环境的美观。现代园林景观需要现代时尚的灯具，整体风格才能达到和谐之美。

园林景观照明包括：轮廓照明、背景照明、水景照明、植物照明等。园林建筑是园林的主要骨架，是突出园林景观的主要部分。如夜间的景墙、长廊、凉亭、景桥等建筑轮廓都需要适当地用灯光渲染，突出园林建筑景观之美，景观照明常用的是泛光灯。园林植物照明适宜点缀式布灯，以射灯为主。拐角的树木或优美的园林主景树木的灯光布局也一样是景观射灯，射灯放置在树下向上照射树木全姿，以体现树木的美丽树姿和叶色。景观射灯的主要功能一是增强园林的空间立体感，二是增强园林植物的观赏性。 需要注意的是，园林照明灯的安装是在公共环境中，一定得把安全放在第一位，严格按照国家或电器行业的有关规范，设置漏电保护和良好的接地系统，确保大众的游园安全。

现代园林路灯，造型简洁明快

西方传统园林中的灯具造型，与传统园林风格相匹配

中国传统园林路灯与古建筑风格相统一

与园林小景融合为一体的园灯，既是景又是灯

与铺装纹样整体设计的广场灯和谐美丽

园灯与建筑造型相匹配，整体风格统一

景观灯的组合，形成美丽的夜景

红色系列景观灯。凉亭、坐凳和花柱灯组合，既统一又有变化

园灯照明图解

地脚灯可照园路地被和灌木

齐腰的园灯可照园路和乔木下部

路灯可以照明园路和周围植物

朝上方照明的树木景观灯

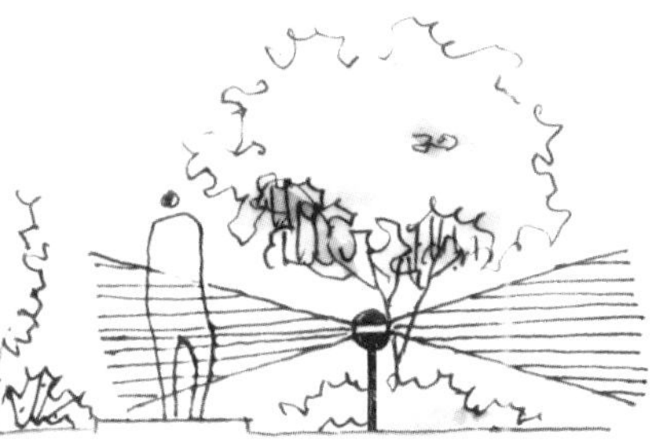
朝两侧照明的植物景观灯

朝地面照明的草坪灌木景观灯

第四节 园林艺术品设置

园林艺术品是装饰园林的重要元素，也是提高园林艺术观赏价值的造园手段。将艺术小品作为造景元素融入风景园林中的造园手法，在世界造园史上已有悠久的历史。经考证，最早将艺术品陶罐放入花园的是古希腊，大约公元 1 世纪古罗马率先将大理石雕塑放入了花园，这种提升园林观赏价值的手法传承至今。如今，艺术品的造型以及材料等都发生了巨大的变化，造型手法也从写实走向了写意和抽象。材料从大理石、各种石材，发展到铸铜、铸铁、不锈钢、铝合金、塑钢、混凝土、玻璃纤维、陶土、玻璃钢、植物、木雕等等。

常用的园林艺术小品有：雕塑、装置、石灯笼、水钵、景石等。这类艺术小品的放置与设计不是单独的脱离园林风景的设计，而是从园林的整体环境出发，构思如何与艺术小品组成美丽风景的设计。

园林雕塑与一般雕塑有所不同，它既是营造园林艺术氛围的风景，也是融入自然环境的艺术。常见的园林雕塑有独立式，也有组合式。随着科技的发展，现代雕塑还结合了光能、风能、水源等自然元素，营造了新的园林雕塑形式，如雕塑与音乐喷泉组合、与花坛组合、与坐凳组合、与园灯组合等多样造型。题材大致有历史的、具有纪念意义的、神话传说的、有吉祥寓意的、现代时尚的、生活的、爱情的、美好的等等。

美丽的海螺形雕塑与水景喷泉相结合，增加了园林的观赏性

不锈钢管做的放射形雕塑，远看像是巨大的飞鸟展翅待飞

有趣的壁雕喷泉

主题性雕塑放置在公园里引发人们注意和观赏思考

草坪上的现代抽象石雕，造型简洁而生动有趣

体现民族文化的木雕艺术

铁铸的喷泉水池雕刻艺术品，光影效果将树叶斑斓之美表现得淋漓尽致

水池中的玻璃水柱花束装置设计增强了水景的观赏性

铁铸的雕刻弧形桥增添了园林的看点

不锈钢组合的现代水景喷泉雕塑，造型独特有趣

用现代表现手法制作的中国传统题材大寿桃石雕

西方古典园林中的水景雕塑

现代园林中有趣的章鱼木雕，夸张的造型很容易受到孩子们的欢迎

第五节 园林小品的造景材料

园林小品一般指在小范围空间中的布景，小的园林作品也称小景。如屋前屋后的小花园、茶社，宾馆里的前后庭、中庭、角落和屋顶花园等。园林小品以小且精致为主要特征，是浓缩型的美丽小景，因此追求形式美感较强，使用材料也非常丰富。

在很小的空间中利用沙砾、卧石组成的水岸景观小品

1. 石材

石材在庭园中使用非常广泛，石刻书法绘画、假山、石凳、石匾额、石灯、石台阶，几乎是“无石不园”。旧的废弃的石磨、石碾都可以为园林增色。石材类别很多，自然石纹很美、体块较大或是造型独特的石材，一般都被作为观赏景石放置在园林中。这些景石既可作孤石独赏，也可组成石群共赏。景石可立可卧，设计师可根据园林空间环境的具体需要，按照形式美原则进行精心搭配，直到构成满意的景观小品为止。

石雕水钵与砂砾、自然石、植物组合构成的景观小品

2. 鹅卵石

鹅卵石有大有小，色彩一般有黑色系、黄色系以及人造的白色系。因为它外形圆滑，不尖锐，所以一般用来铺小路或小溪底面，在水池旁使用也很多。中国古典园林利用鹅卵石铺地的纹样非常多，十分精彩，有许多纹样是吉祥纹样，记录了当时人们对生活的美好祝福和向往。如今用鹅卵石铺地的花纹有所改变，甚至功能也得到了提升，譬如铺设人们锻炼用的健康小道。鹅卵石与石板、砖块混合铺路，效果也很好。鹅卵石还可以作为一些下水道的遮挡，这样既不影响下水，又可以起到美化环境的装饰效果。同时鹅卵石还可以用在树池保护树根，防止雨水冲刷，作为地面装饰。

利用鹅卵石、景石、茅草植物组成枯山水景观小品

3. 沙砾

沙砾在园林里常被用作枯山水中替代水的元素。一般有白沙砾、灰沙砾、黄沙砾。沙砾的尺寸较多（直径约半厘米左右）。替代水的沙砾一般用白色沙砾为多，但也有设计师认为白沙砾在园林中显得很耀眼，对比强烈，所以为了减弱这种强烈对比，用灰色和黄色沙砾替代。沙砾的大小不同，铺出的肌理效果也不一样，为了丰富园林小品的肌理层次，往往会选择多样尺寸的砂砾来完成。

利用预制水泥瓦块、碎石、沙砾、植物组成小桥流水的园林小品

4. 砖、瓦

砖、瓦是用泥土加工生产出的材料，由于砖块小巧，铺弯曲的小路显得十分自然，常被使用在园林设计中。运用青砖灰瓦做园林小品形式多样，砌花坛、砌墙、铺路等。用瓦铺装纹样也很丰富，有人字形、万字形、铜钱花形、桂花形等，并有吉祥语之说，如“出人头地”、“万事如意”、“铜钱满地”等，都是传统园林常用的形式。现代人的审美趣味有了新的转变，将拆旧房的青砖灰瓦进行再利用，也有很多形式感很强的园林小品案例。灰瓦的弯曲立面像水的波纹，因此人们常常将灰瓦拼构成美丽的水纹，在小小的园林空间中发挥了波纹的动感韵律。

砖块水泥做跌水水池，花卉植物环绕组景

红砖与石材花卉植物拼构成曲直线相间的美丽小景，形式感较强

利用小片灰瓦组合成水纹景墙作背景的园林小景

5. 竹材

在园林中，竹子常被做成竹篱笆分割园林空间，同时也起到了美化装饰的作用。竹篱笆的编织有封闭型、漏透型。此外，用竹子做的花架、绿廊、休息亭等也都有其独特的造型装饰效果。在园林小品中以竹纹肌理做背景为多。

以竹材做背景，用石水钵、石灯笼、沙砾、瓦片、植物组成景观小品

6. 木材

木材给人们的感觉自然温馨、无污染，用木材做园林小品十分方便。在中国传统园林中，大量木材被做成庭园中的亭、榭、楼、阁、桥，在公共设施中也被广泛使用。如休息廊架、花架、木椅、标志牌等。铁路中替换下来的枕木也是园林设计中的理想材料。枕木的牢固性，以及不怕日晒雨淋的特性，给园林景观增添了沧桑感。在园林小品中经常将其用在木站台和花坛的围合上，作柱式墙体高低错落的排列，可产生特有的节奏和韵律感。

枕木作背景，砂砾石材铺装，陶罐花盆与植物围合装饰座椅的休憩小景

利用手绘装饰木船与植物组合成美丽的观赏小景

利用废旧的枕木、沙砾铺装与植物组合成园林小景

木质游戏器材，作孩子的攀爬玩耍场地，比较安全

7. 陶瓷材料

陶罐和瓷砖在现代的园林景观小品中被广泛使用。陶瓷桌凳、雕塑园林小品不怕日晒雨淋，在园林环境中可以增添情趣。陶器花盆、紫砂花盆都是传统园林中常用的摆设。如在陶瓷水缸里栽植荷花、睡莲等水生植物放置在园内，也可将水缸深藏在人工水池内，只露出植物在水面上，点缀装饰水面景色。这样可以限制荷花、睡莲的蔓延，可以将荷花、睡莲固定在指定的范围内生长，这就是巧妙利用陶瓷材料不怕水的特点做水上植物的栽植配景手法。

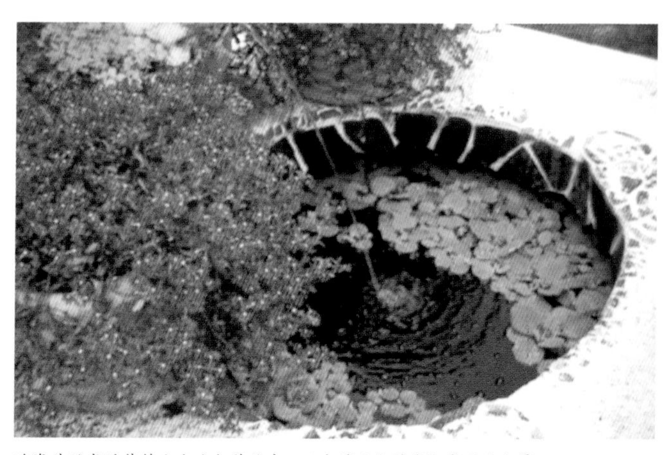

陶瓷片贴成的装饰小水池与花丛中一只金蟾吐水雕塑组成园林小景

8. 植物

用植物营造环境是人们最喜爱的一种造园方式。因为植物有美丽的叶形叶色、花形花色、果形果色，还有自然的树姿，作为园林的装饰元素来说它是天然的、绝佳的、必不可少的造园材料，即使单用植物也可以打造各式各样的美丽小景。因为植物的种类实在是太多了，选择也就更加自由。可根据需要选择观叶植物或观花植物，也可选择地被草花或肉质植物。还可以选择不同的植物与铺装、景石、雕塑等小品组合美景。

用植物作点缀装饰小空间，小范围内就会变得十分有生气。特别是落叶花木和花卉植物，鲜花盛开时人见人爱。植物是生长的、变化的。随着季节的变化，植物发生着不同的变化，景观空间也有着微妙的变化，无论是叶色还是花色，自然的变化总会给人们带来新的感觉和好的心情。

植物可以净化空气，有益于人们的健康。有些植物还有芳香，如桂花、腊梅、海桐、栀子花、月季、水仙等等，都是人们所喜爱的芬芳植物。在小园林环境中配置一两棵芳香性植物是一个很好的选择，沁人肺腑的芳香会让人们的心情更加美好。

园林植物的配置十分重要，它不仅美化和渲染环境、调节环境气氛，还会给人们带来赏心悦目、丰富多彩的美丽画面。

9. 金属材料

金属材料在中国园林中运用得不是太多，欧式花园的围合栅栏常用铸铁工艺来表现。铸铁工艺的花纹非常丰富，用在公共设施上也很普遍。如：铁桥、路灯、庭院灯、花架、座椅、垃圾箱、工艺花铁门等。近几年来，中国也逐渐流行起铁艺这种装饰方法，用在园门、园椅、休息凉亭、花架、栅栏、装饰园灯上较多。

铝合金材料不怕日晒雨淋，适合雕刻各种花纹，在装饰园林空间隔断上尤其见长，可以根据需要喷漆上色，因此用在园林中也很多。铝合金材料特性是：坚固，不生锈，不怕风吹日晒雨淋，适合室外环境的设施造型。金属材料的特点是吸热导热快，不适宜做人们常会触摸的露天公共设施，例如座椅。

金属钢板折成方块阶梯型与卵石、地被、竹子组成的小景，富有层次美感

金属叶形小船内平静的水面和卵石铺装，简洁地营造了宁静的小景氛围

铁制材料装置和玻璃钢材料制作的彩绘雕塑，生动有趣

10. 玻璃钢材料

玻璃钢可塑性强，相对来说易成型、质轻、强度高、耐腐蚀，成本较低。玻璃钢不怕风吹日晒雨淋，适合塑造各种立体形态。能对大气、水和一般浓度的酸、碱、盐以及多种油类和溶剂都有较好的抵抗能力。所以，常用在室外露天，远远优于碳钢、不锈钢、木材等材料。玻璃钢雕塑可以根据需要喷绘各种颜色，塑造力较强。园林小品中也常会用玻璃钢塑造所要的形态。如座椅、桌凳、儿童游具造型、大型模型等。

用玻璃钢材料塑造的花坛中的雕塑

11. 混凝土

混凝土是由沙和水泥按照一定的比例混合成的一种建筑材料，既能塑造物体形态，又不怕风吹日晒雨淋，在园林建筑工程中经常使用。如水泥台阶小路、水池、小溪等。混凝土不仅有砌砖瓦的粘连剂作用，在砖墙砌好后还可以起墙面底层抹平的作用，在园林小品中也经常用到它。如用混凝土预制花砖、花窗、花盆等。预制水泥模块一般先做好模型版后用混凝土浇灌成型。混凝土具有朴实无华、自然沉稳的外观韵味，也有生硬、冰冷的一面。因此在园林景观中恰到好处地使用很关键，运用得好可以融入自然，和谐美丽；用得不好则会破坏自然，感觉生硬而丑陋。总之，对混凝土的使用还是需要根据具体情况和环境而定，不能统一对待。有时为了美观在混凝土铺装的面上撒上漂亮的小豆粒石子，等其完全干燥后用水洗磨砂，地面效果会出现意外的美感，这在园林的铺装上比较多见，既经济也美观。

利用混凝土塑造的花坛坐凳和休憩空间十分别致

金属铸造的景观雕塑与植物景墙、水池、园凳形成了具有艺术氛围的休憩区域

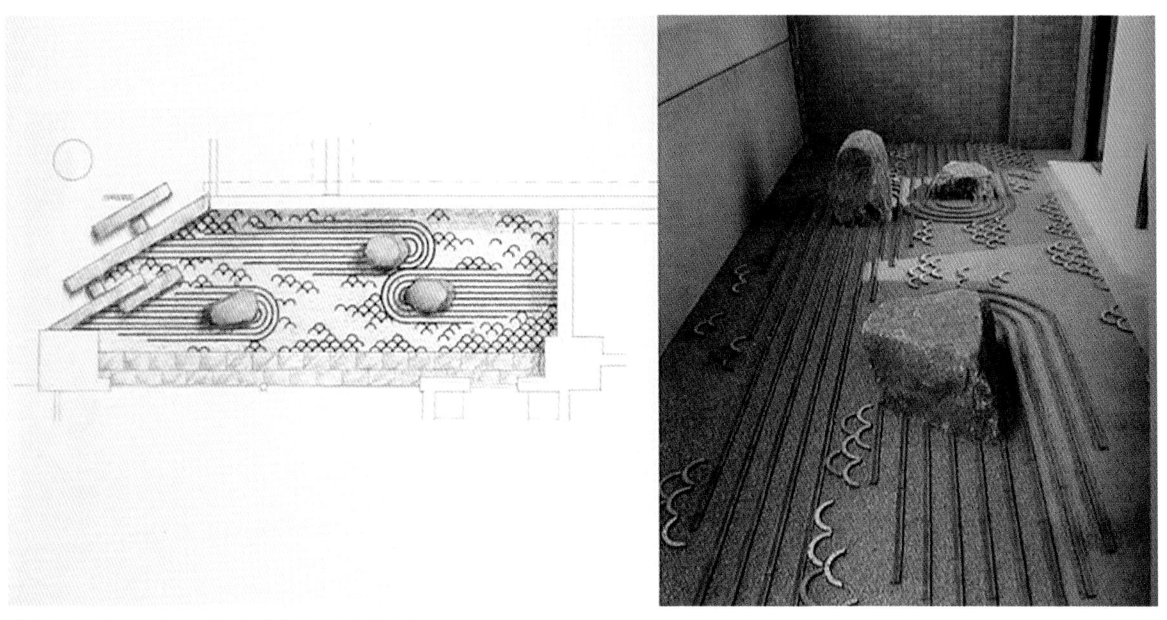

利用灰砖、黛瓦、沙砾、景石组成的枯山水纹样小景

中庭园林小品设计范例：

利用青砖灰瓦、砂砾、卵石、陶瓷器皿、植物组合的中庭小品。

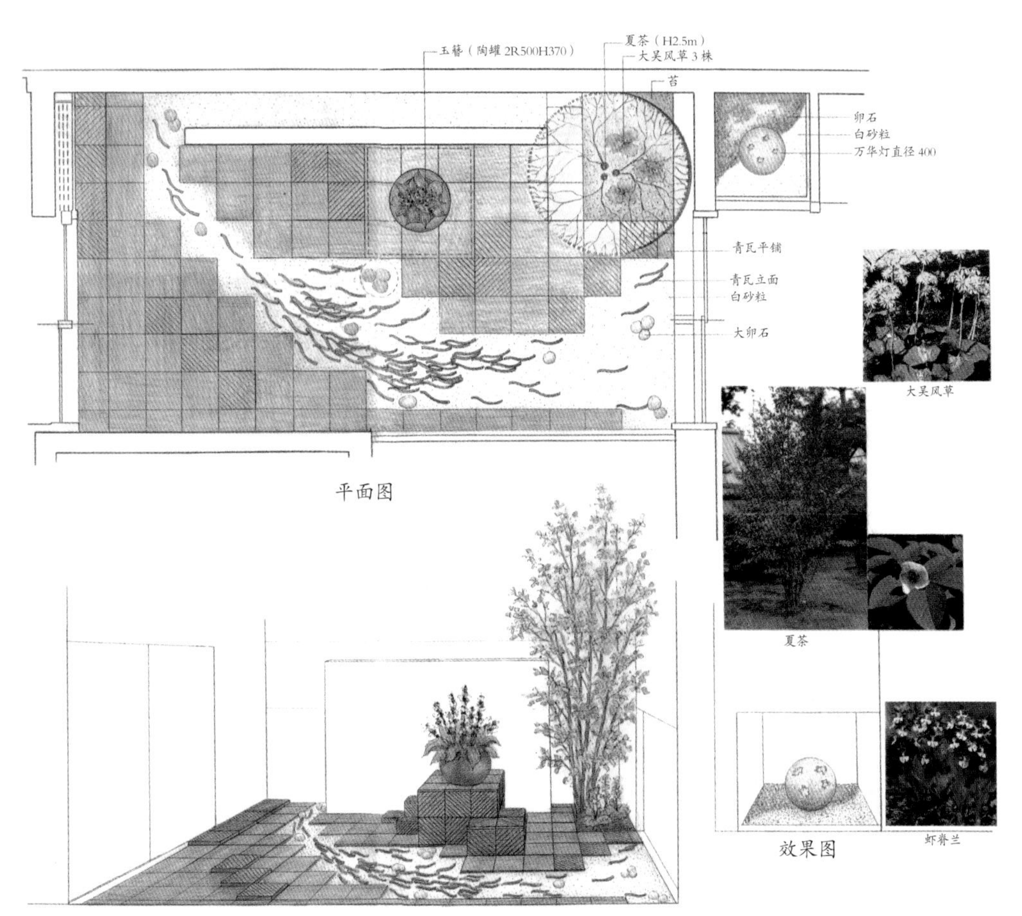

Chapter

第七章　风景园林设计原理

风景园林设计的本质是造景。如何充分利用地形地势的特点营造既经济又美观的理想园林，因地制宜，就地取材地造园设计法是当今值得提倡的基本原则。造园前首先要重视造园场地的调研考查，对所建环境有一个全方位的立体空间的熟悉和了解。收集第一手资料，在调研的基础上对造景的整体环境进行分析和研究并作出一定的判断。看哪些自然条件条件是可以充分利用的；哪些劣景需要回避和遮挡的；用什么方法可以充分发挥地形地势的特点；怎样才能营造出独特宜人的风景园区……。结合初步拟想的设计方案整理出要解决的问题。带着问题去思考构画园林布局，确定园林风格、空间尺度、景观形态、造景形式、植物配置、观景视角等设计内容，用不同的设计方法解决诸多具体问题。

现代风景园林设计更多追求的是自然美、生态美、实用美、形式美、艺术美、人性美等多元素的综合环境。这也同时要求设计师不断学习努力提高审美意识和综合能力的设计水平，熟悉和掌握风景园林的各种设计方法。

第一节 风景园林的地形分析

1. 园林用地功能设计

园林用地的情况要进行分析，包括丈量面积，对地质状况、地下管道安放情况、地上周边情况、地理位置进行细致的分析。园林的地基大小、朝向、地势高低并无限制，只需因势利导，因地制宜，做好园林用地的功能区划设计。方者就其方，圆者就其圆，坡者顺其坡，曲者顺其曲，地形阔而倾斜的可以设计成台地，高处建亭台，低处凿池沼。现代小区楼房之间的间隙地造园，以曲径、草坪、亭、廊、水池、假山、竹木、花坛点缀，设计出观赏区、休闲区、健身区、儿童活动场所和网球、篮球场地，尽量做到功能性、观赏性和艺术性的有机结合。

2. 园林用地类型

城市地：城市中园林景观设计的地形类别有建筑之间的空隙地、路边行道、住宅天井院落、阳台、客厅、屋顶绿化等等。庭园之中修曲径、水池，依墙置假山、盆景，种芭蕉、修竹、梅花、海棠、盆花，构成隙地、墙体或是房顶立体绿化景观。

山林地：山林地有天然的高低、曲折，营造园林极为方便。山脚低洼处可凿成池沼，疏导出水的源流，池岸上可以突出亭台，陡峭处借助栈道，林木深处可以通幽径。栽花养鸟，偏僻处建花房鸟屋，令人感到园景幽深，回归自然。

郊野地：郊野造别墅修园林，要依自然地形，利用平缓的山冈和曲折的河流道路，切忌一味填平拉直。原有的树木不要砍伐殆尽，梅花丛中栽竹，柳树之间栽桃，水边安置湖石，做适当点缀修饰，便成园林佳趣。桥上有亭，亭中有棋桌石凳，亭下有水，水中有鱼，池边有柳，墙边有竹，竹中有梅，俨然一幅别墅庭院小景。

江湖池沼地：江湖池沼地造园，切忌填湖筑坝，要认识到江湖沼泽湿地的美感。城市周边湿地有极重要的生态修复和净化水质功能。芦苇、浮萍以及芦花、野禽是优美的生态环境，闲花野草、沙鸥、渔舟垂柳，都要尽可能地保护，稍加点缀成景观地，亭台、道路或桥梁即可产生世外情趣。

傍宅地：现代城市用地紧张，建筑隙地是进行园林绿化的珍贵用地，墙角下、道路旁、水池边都可以加以精心设计。如用贴墙假山，芭蕉护园，以凌霄、紫藤、爬山虎构成立体绿化。

因地势随形造园——人工与自然的结合

3. 地形改造与利用

地形的改造即土方工程一般是高处宜山，低处宜水。凿池的土方挑到高处，使高处愈高，低处愈低，这是最经济合理的原则。如果是沙土，可以用沙包、木桩加固，以山石如黄石驳砌，再栽培根系发达的植物，能起到防止土方流失的作用。现代建筑周围建筑垃圾较多，要注意改良土壤，增加土壤肥力。根据地形地貌和景观环境，构思园林景观的规划，种植生命力强盛的树种，如紫藤、凌霄花、金银花、芭蕉等。或修建以某种植物为主的香樟园、杏园、梅园、万柳草堂，或建以水景石岸为主的阳光水岸、近水人家、曲水园。用诗词佳句、奇花异草、历史典故为园林命名，倚山可以叫作山庄，靠水则为水竹之居。

具有当地景观特色的石峰群

第二节 风景园林的造景方法

1. 风景园林周边环境分析

（1）位置：园林用地往往是空隙地、边角地，甚至是垃圾填埋场，或是土丘、低洼地。但纵然是方寸之地，也可以设计得有花草树木、曲径断桥。现代城市住宅小区往往是寸土寸金，在两楼之间的隙地，正是园林景观的用武之地。地下可以建停车场，地面可建曲水池，以绿化亭台、美化环境。高楼以直线耸入云天，园林以曲径山水环绕其中，给小区以自然景象，形成休闲与小憩的空间。傍宅隙地可以设计立体绿化，充分利用屋檐滴水隙地与楼下阳台小院落，营造宜人优美的园林景观环境。

（2）分析：地形环境有地质环境和人文环境两大因素。山林地不应砍伐树木，不必推平山头丘陵，而应在历史旧貌的基础上点缀石阶，高处砌亭，低处掘池，叠石理水，栽培花木。郊野村庄中的荷塘垂柳、茅屋、小桥、芦苇、浮萍，均可以保留，加以点景、点题立意，就可以成为天造地设的人文景观。江湖池沼湿地，不必水泥驳岸，要遵从地形地貌的历史形成环境，因势利导。

具有当地景观特色的沙漠中的庭园——甘肃敦煌月牙泉

利用山水自然风景的公园

尤其是以历史文化景观为背景的环境景观设计，更不能切断历史文脉，要尊重历史、尊重环境，保护环境资源，使之成为园林景观的重要组成部分。

（3）环境：园林景观设计要充分考虑周边环境情况，真山前不宜堆假山，真水前不宜砌鱼池。在直线条的建筑群中，可以曲径环绕，注意刚与柔、直与曲、大与小、高与低的对比关系；在大面积建筑群中点缀山石花木，使用象征与寓意的艺术手法，将传统的天然园林景观材料与现代玻璃、水泥建筑形成对比，以达到回归自然的效果。在形式、色彩、线条、材料、风格诸方面，充分考虑与周边环境的对比与和谐，点景、造景要充分利用周边环境。景点地形堵塞，以幽取其深；景点空旷，则以旷取其胜；有远山则宜掘近水，有水则筑水亭。如徐州汉画博物馆，利用云龙湖边废弃的采石场建造，以石壁山场为背景，砌大屋顶建筑，使画像石与采石场石壁形成内在的材质联系，具有良好的景观视觉效果。

（4）交通：园林景观的交通大道宜直，有停车场；园景道路宜曲，在园林内用步行道，用碎石铺地，有矶石、曲径，似羊肠小道；景观道路则是以绿化、绿岛、灯具等要素构成，宜通行机动车辆。园林景观区的道路设计是造园造景的游览干线，要移步换景，做到有韵致，有曲折，有高有下，有藏有露，以扩大园林的空间游览路线。

围绕自然河床岸边种植乔灌木植物群，增强了自然风景的特色

公园河边布局休憩场地，空气清新，环境优美宁静

城市街道公园交通四通八达，井然有序

公园人造池塘周围配置水生、湿地植物，层次丰富，景色生机盎然

利用地形地势，高处做阶梯水池，低处做小溪流水，营造美丽的人工风景

挖河堆坡，坡上栽植树木群，与背景山脉形成自然景观

城市宾馆花园用植物障景方法围合公园，遮挡外界干扰以保花园的自然美丽

在城市公园平坦的环境中用几何形态造景，简洁而美丽

在有限的中庭小空间内组合划分大小不同的花坛，组成美丽的人工花园景观

2. 风景园林观赏角度和视点

园林观赏角度与视点是园林设计中一个很重要的思考。视点即风景的观赏点，观赏角度包含了仰视、俯视、平视。园林设计需要根据不同的视点位置来确定相对应的风景设计。观赏角度不一样，效果也截然不同。

（1）俯视、仰视的观景方式

由于园林景观是立体的空间实体，人们在观赏时，在不同的位置上有不同的观赏角度。处于同一高度时为平视；处于上方鸟瞰时为俯视；而从下方观看山亭飞瀑时则为仰视。中国绘画中，有所谓平远、高远、深远的三远画法，平远则宜水泽平原，高远宜山林，深远则层峦叠嶂，达到全方位的景观欣赏。在园林造景时也要充分考虑到观赏者的视觉高度，做到俯仰自如，皆有景色。

俯视角度观风景的机会随着城市高楼大厦的林立越来越多，从俯视角度看景色美，关键在于园林设计的平面形状美。因此学风景园林专业的同学有条件也应该学一点平面设计的知识，这样在园林设计规划图中可以勾画出美的平面形式。如右图高楼围合的小区花园，花园下层是小区停车场，因停车场采光通风的天窗很多，裸露在地面表层很不美观。设计师将裸露的天窗藏进了花坛中，利用美丽的流线围绕成多个云型的花坛，花坛外形相互咬合，构图紧凑。在平面构成上利用了圆和圆弧的基本元素，花园形式既统一又富有变化，艺术处理方法得当。弧线花坛植物包裹遮挡了生硬的地下车库天窗，给人们带来的是流线花坛的流畅简洁之美。

高楼围合的小区花园，俯视角度看地下车库的屋顶地面花园

从法国巴黎埃菲尔铁塔上以俯视角度看市中心公园形态

（2）障景、借景、框景

中国园林的造园方法，往往长于借景。借景是园林景观设计的重要手法，大到借天上的月亮，砌观月亭、待月亭，借天上的太阳，建迎曦室、夕阳楼；小到借远山远水，建借山楼、平山堂、浩渺亭。借景可以使自然大环境与园林小环境达到最大程度的和谐与拓展。景在于借，不借不深。借景可以加深景观层次感，也使景观资源得到最大化的合理运用。

借景有远借、邻借、仰借、俯借、应时而借之分，风声、松涛声、树影、花影、云影、塔影均可以巧妙地被借到园林景观空间中来，以达到延伸园林景观的效果。

障景是对一些不必要的干扰景观因素加以遮挡，如电线杆、烟囱或风格不协调的建筑物。设置景观墙、假山，乃至屏风、山墙，都可以有障景的作用。

仰视

对景是对一些经典景观的观赏位置进行特别的设计，如将厅堂外景观直收眼底。对景的位置，可以直对门、直对窗、直对厅、直对大道必经之地，或是直对湖光山色、片山玲珑、飞檐翘角、古塔、寺院、松枫、湖石。

对景往往又是和框景联系在一起的，框景之物可以是门框、窗框，也可以是墙体。一丛花木不成画，而使用景窗框景以后，就能形成折枝画本，有了宋代花鸟画的意境。

平视

拱门框景

八角门框景

瘦西湖园林借远处大明寺平山堂的塔，远近景色融为一体

海棠花形洞门框景

用高大的植物绿篱墙障城市建筑之景，确保古典园林视觉不受干扰

借远山近水融入花园风景

南京中山陵孙中山灵堂建筑由中轴线穿越建筑之间形成门对门的对景

第三节 风景园林的尺度比例

1. 壶中天地，小中见大

“壶中天地大，袖里乾坤宽”是道家神仙的典故，也是园林设计的方法。小中见大，是风景园林设计的基本尺度。风景园林设计，在尺度比例上要有咫尺千里之势，形成咫尺清幽、远隔喧嚣的效果；在景观安排上要园中有园、小中见大。中国传统园林除了皇家园林外，大多数都是私家园林，因造园面积有限，为了在小小的空间中实现山水植物风景园林，往往会用“缩景”的方式，将自然风景引入私家园林。因此私家园林基本是以小型风景的方式造景，追求“壶中天地，小中见大”。堆假山、挖水池、小桥流水、弯曲小道、筑花坛等都是在有限的空间中做小景。

壶中天地，小中见大

2. 一池三山，以少胜多

环绕一池曲水，叠山构筑亭台，这种造景思想，无论在皇家园林还是私家园林中都可以找到。“一池三山”式的中国古典园林设计是指将太液池与海上仙山蓬莱、方丈、瀛洲搬到园林中，用象征性的手法，“澄澜方丈若万顷，倒影咫尺如千寻”，从方丈之水中体察碧波万顷，在咫尺之中感悟千寻倒影。这在私家庭院中运用很普及。山水风景是人们喜爱的景色，“一池三山”在小小的庭院中就是“以少胜多”的表现手法。

3. 曲折有致，虚实相生

园林小景艺术在造园中的作用，是一寸三弯，曲中见长，“大中见小，小中见大，虚中有实，实中有虚，或藏或露，或浅或深”，在平面上以曲折分隔，在高度上以多层空间，周回曲折，以取得最大的空间效果。钱泳曰：“造园如作诗文，必使曲折有法。”明代造园家文震亨《长物志》中说：“一峰则太华千寻，一勺则江湖万里。”都是阐述通过曲折有致的表现方法，在很小的空间中，最大限度地增加游览路线与空间环境。曲径通幽，曲廊曲水、九曲之桥，产生出最佳的设计效果。

以石代山，以砂代水，壶中天地的枯山水小景

总结以上几点，可以归纳为：城市山林，世外桃源。参差自然，曲折有致。园中有园，小中见大。移步换景，引人入胜。诗情画意，融为一体。对景借景，巧于因借。对比衬托，精在体宜。

常用乔灌木景石混合均衡式配置小景参考例：

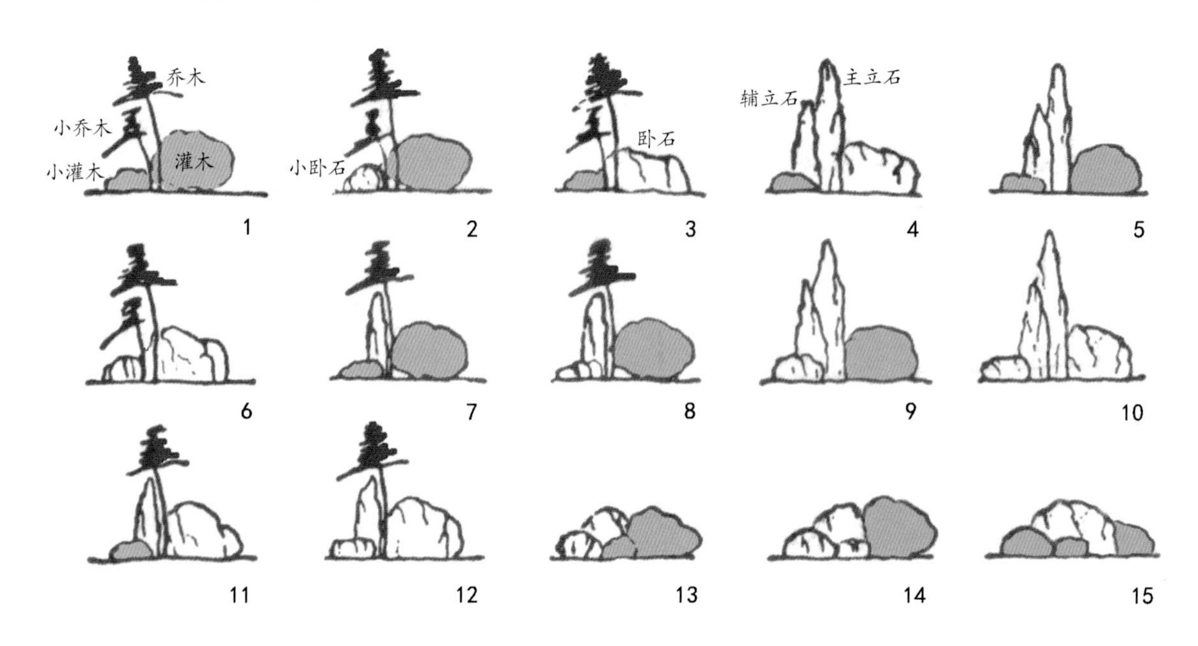

第四节 风景园林的形式语言

风景园林设计就是创造不同的风景形式，寻找表达不同形式美的过程。当我们拿起笔进行园林设计时，首先就是设计平面规划图，实际就是在画平面图。然后是在平面形式的基础上考虑平面向上延伸拉高等方式出现的立面和风景效果，即形式语言在空间产生的状态。因此平面的形式是我们最先要考虑的设计语言。

我们可以将风景园林的形式语言大致分为自然形式和几何形式两大类。自然形式是不规则的，几何形式是有规则的，它们截然不同。走入自然风景区我们可以发现很多自然形式的美，可以模仿学习。几何形是人工形态，完美的几何形也是有规律可遵循的。园林设计中最常用的一个形式美法则就是：既统一又有变化。即在大的统一之下讲小对比。这样的设计布局是追求形式的整体、完美、和谐、统一。而小对比起到的是画龙点睛的作用。因此几何形式美与自然美一样也能让人感动，让人流连忘返。

美国景观设计师施瓦茨认为“直角和直线是人类创造的，当我们在园林中加入了几何感的秩序，也就为园林加入了人的思想。几何形清晰地界定了一个人造的和非自然的环境。”她还认为几何形式语言更适合城市环境的设计。下面我们概括地分析一下几何形式的基本语言。

1. 矩形与直线、折线的形式语言

矩形是由直线组合而成的，它包含了正方形和长方形。平面矩形拉高则是矩形体块，无论从平面还是立体的角度去看，矩形平面、矩形体块和接近直线的面（空间中有线型之感的长条矩形），它们的形式既有共性又有个性，形式语言非常接近，因为都是由直线组合成的面和体块，基本构成要素也都是直线，所以属于同类形式语言。直线能变折线，还可以组成菱形、三角形、五边形、六边形等多边形。在设计中可以将这些接近的形作为不同的形式语言，进行归纳选择使用。如果我们取一个形式语言在一个空间里布局，即形相同，大小有变，则很容易实现“大统一小对比”的形式美法则，展现出的形式美也是令人满意的。几何式园林设计常用的方法有：大的矩形套小的矩形；以大小矩形为主，以圆球点缀；三角套三角等等。都是用同类语言组合加不同的形式元素获得“大调和小对比”的视觉效果。

一个区域内使用的形式语言要简练，一至两个形就可以，不要使用太多，以免多而杂影响到整体效果。但也要注意，统一过分容易引起单调枯燥之感，尽量表现有大小变化、相互咬合、结构紧凑、井然有序的形式。如：长短线的排列产生韵律的布局（线有长短变化）；线型栽植的植物与铺装相间形成的矩形与栽满植物成矩形体块相统一的布局（有深浅的变化）；矩形套矩形并带有旋转产生动感的布局（有大小角度的变化）等。直线矩形的特点是严肃、规整、平稳、刻板的，但也可转化为活泼，这需要用不等的形改变规整的格局。如：用活泼的元素点缀，打破直线或矩形的规整，用一棵树或一块石头压在线上都可以达到此效果。总之，我们需要不断地学习研究和理解造园形式美法则，才能更好地发挥设计形式语言的特点和作用。

四个矩形组合中间用圆形破角，起到了既统一又有变化的作用

矩形绿篱体块长短不一，错位排列形成统一之美

直线构成统一形式语言，樱花作点缀，表现了简洁之美

长短线的排列产生韵律美的布局

形式语言统一而富有变化

草坪铺装形式与斜面水池复合为整体，既统一又有变化

矩形铺装与矩形复合水池结合产生的韵律之美

直线构成直角，在三角地带形成直角与三角形的统一

矩形错位旋转的叠加形式，动感强，统一中求变化

三角与方形构成虚实方形语言统一，圆形求变化

折线由不同矩形复合而成，产生了节奏韵律之美

矩形绿篱与矩形水池形成统一之美，花木作点缀

长短线排列形成的韵律美格式，圆石球起点缀作用

不同材质的四方形语言是主调，曲线圆石作变化

2. 圆形与弧线、曲线的形式语言

圆形压扁了就是椭圆，无论是圆还是椭圆都可截断成不同长短的弧线，弧线又可正反串连成曲线，因此圆形、椭圆形、弧线和曲线如同一家人，有着一定的关联，我们将它归纳成同一种形式语言。圆形具有活泼和动感的特性，弧线比直线更加柔和、优美、飘逸。巧妙地运用单纯的圆形和弧线形式语言，可以增添园林空间的活泼气氛，令视觉感轻松愉悦。但是所有的形式语言都不是随意使用就能获得好效果的，而是要在形式美的原则下经过精心推敲布局才能实现。在园林设计中，我们往往会在一张框好境内线的平面图纸上多思考一些。要分析路线、功能、景点布局等，考虑用什么形式来贯穿整合园林，选择什么样的形式语言巧妙地组合我们的铺装、花坛、水池、植物配置、道路等不同要素。选择严肃的、规整的、严谨的矩形直线形式语言，还是选择活泼的、灵动的、圆润的圆形弧线形式语言，这需要根据具体的环境来确立。如政府办公楼、纪念馆、历史博物馆等外环境需要的是严肃的环境，很适合直线为主的形式语言。而公园、城市广场、游乐场所等需要活泼的气氛，圆形弧形为主的形式语言更适合。设计经验告诉我们：只有适合特定环境的形式语言才能出好的效果。形式语言的运用需要我们掌握“既统一又有变化”的形式美原则，这样才能发挥形式语言在特定环境下的最大魅力。以弧线形式为主的形式语言构成风景园林的特点是整体感强、视觉优美，可形成自由的、活泼的、灵动的、柔美的、和谐的、波动的美景。

圆形曲线的形式语言表现案例：

线棵树破圆形草坪，大小球体灌木点缀围绕

弯弯曲曲的小路产生了较强烈的流动之美

半圆球形与圆弧形座椅环绕形式感很强

弧形与圆形围合的高低错位的花坛既统一又有动感

弧形和圆形组合的枯山水形式语言简洁，视觉丰富

大小水滴形绿岛与曲线吻合，既统一又有变化

具有韵律美的曲线组成阶梯状，与水流十分吻合

大小肾形作主语，虚实形相互咬合，统一完美

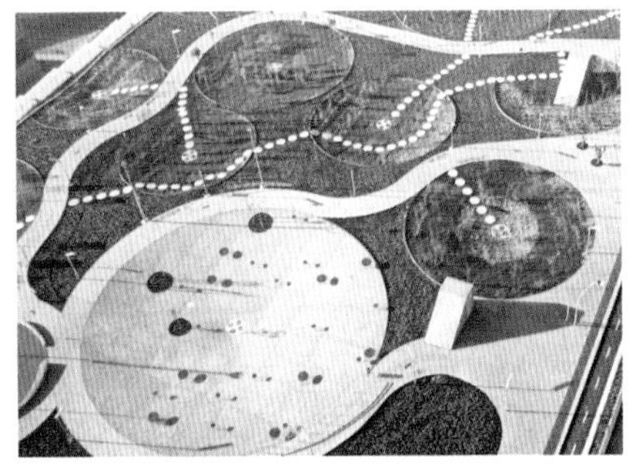
大小圆球与弧线路径组合求统一，大小圆点求变化

弧线围合的水滴形花坛，形式感较强

圆点活泼跳跃，与弯曲的流程形成了流动之美

弧线与曲线圆形构成的场景形式，统一中有变化

圆套圆，形成圆与环的形态，形式语言统一

弧形球体灌木围绕着曲线水池，视觉统一而丰富

大小圆球灌木形式语言统一，景石在其中穿插求变

第五节 私家花园设计初步

花园一般有大小花园和动观花园静观花园之分。小花园因面积小、无走动空间而决定了其静观的特点；而大花园由若干个小花园风景组成，因空间面积都很大，必须设有观景路线，并有通向各个小景点的观赏路径。所以，大花园的观景模式除了行走时的动观，也有静观的特点。大小园林相比而言，大园林以动观为主，静观为辅；而小花园则是以静观为主，动观为辅。为了初步掌握风景园林设计，我们可以先从私家花园设计入手。

无论是设计花园小区，还是私家园林、公园，设计前都要对设计现场进行详细的调查和测量记录。设计师需亲临现场，对设计的范围、面积、方位朝向以及周边环境、邻里关系深入了解。对现场的人工构造物，如园墙（栅栏）、窨井盖、储藏箱、电线埋藏路线、现状植物等进行拍照记录，并与花园的主人交流，确定现场哪些物件需要保留，哪些需要撤除等等。然后将现状情况绘制成平面图。

1）现状图。测量的方法有两种，一种是顺着现场的墙体直接测量长度和宽度；另一种是物体与物体的对角测量法。对角测量法找点定位更加精确，不容易整体偏离产生误差。在没有墙体参照的环境中用对角的方法找点比较适合，一般都是以建筑固定的两个点连接到界线点，测量出实际尺寸。（见左下图）

2）分析图。分析图有现状分析图、功能分区图、路线分析图、视角分析图等。目的是让园林布局更加合理美观。

3）设计平面规划图。在分析图的基础上配置不同的功能区域后，设计路线将通往各区域的线路串通，并分出主道和次道。之后再在不同功能领域里分别组景，如植物配植、景石的布局等。通过草图的布局规划构图，经过反复思考和修改，确定最合适的布局，按实际的尺寸比例画出正式平面规划图以及园内植物、设施等配置表。

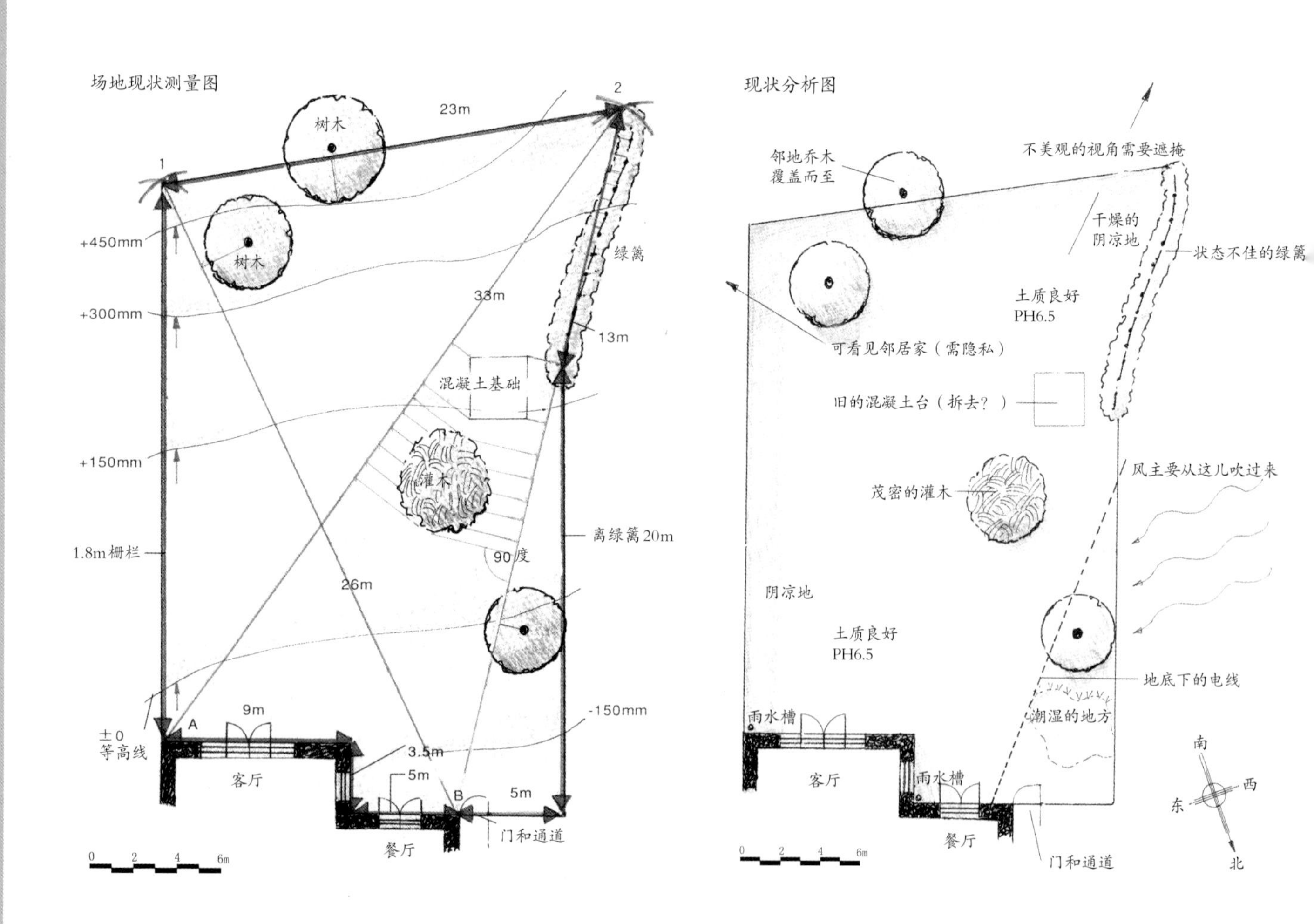

4）效果图。画私家园林效果图一般以主人常见的视角为立点，一点透视的平视画法适合较浅的庭院，若是在细窄较深的庭园，需要将视点提高，俯视观看才能看到全景，否则看不到设计布局的整体庭园效果。因此画效果图要根据具体情况选择视点的高低和宽窄，以尽可能看到设计的全景为目的。如果庭院面积很大，一张效果图不能将全景展现出，那就得分几个领域多个视点分别画效果图。比较浅的小院有时还可以用立面图的方式表现效果。总之，视点位置的高低，一点透视还是两点透视等问题均由设计人决定，以展现设计的最佳效果为准。

5）施工图。方案一旦确定，紧接着就是画施工图，也叫扩粗图纸，将图纸的内容全部具体化到以毫米为单位的尺寸。施工图有很多是国家、地方规定的或公司积累的规范标准图纸，如园路铺装、河床、小溪等剖面图，直接复印使用就可以。总之，按照平面图细化施工图的目的是让园林设计方案得以实现。

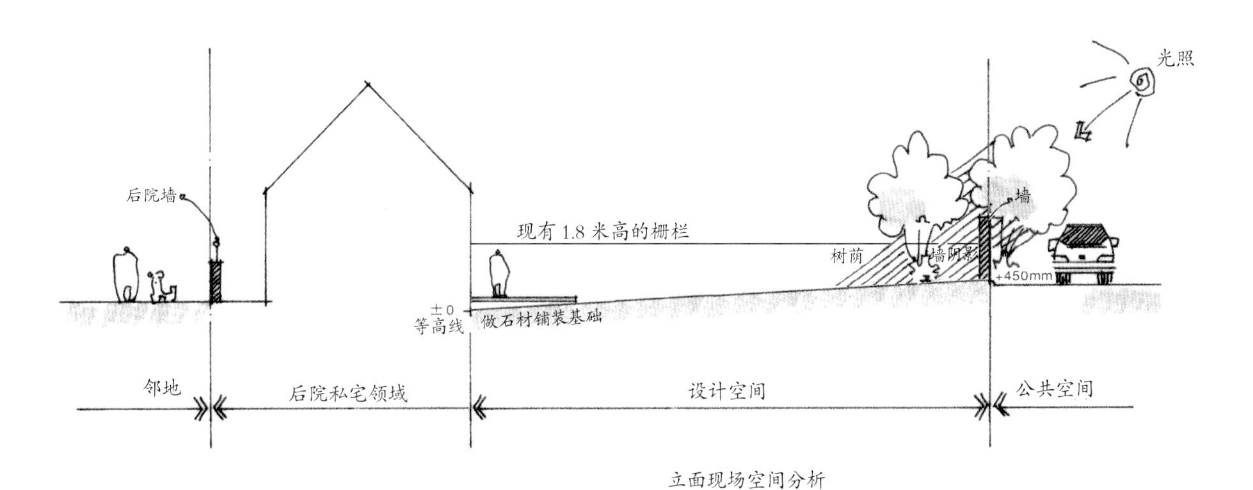

立面现场空间分析

庭院初步构想草图

两棵树要保留
绿篱
遮挡范围
前门出入口
阳光房或是长椅
能坐着观赏建筑物侧面的阴凉处
深入通道
连接两个地区的道路
不用的混凝土台拆去
种植攀缘植物
用植物做的第二个屏风
草坪
不用的灌木拆去
孩子的游乐场所
强调路边的栽植
用灌木或乔木作隔断
此树要保留
日照很好的凉台
需要新的栅栏
水的造型
南
西
东
北
客厅视角
餐厅视角
园门通道
0 2 4 6m

花园动线分析图

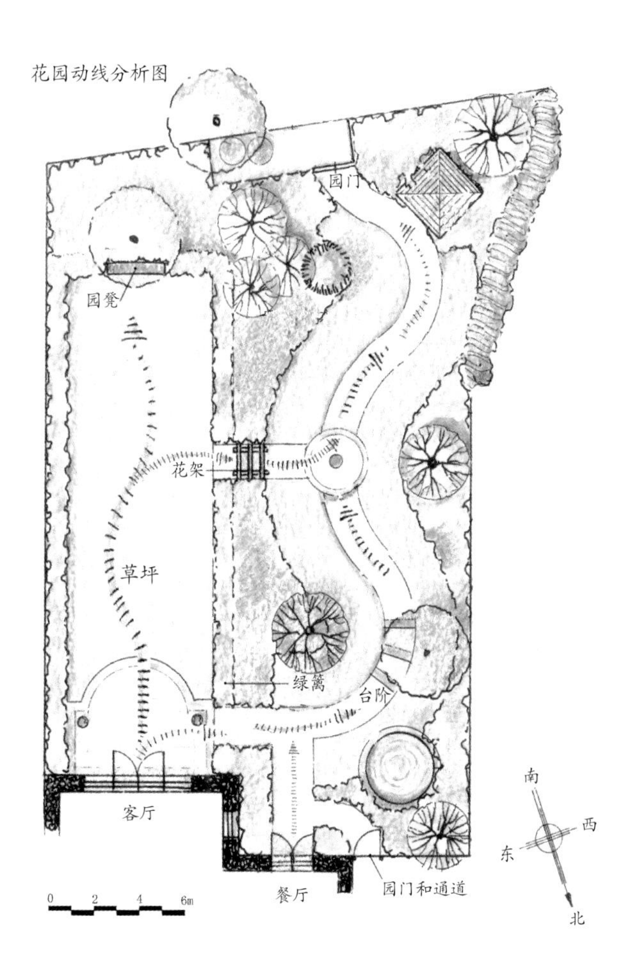

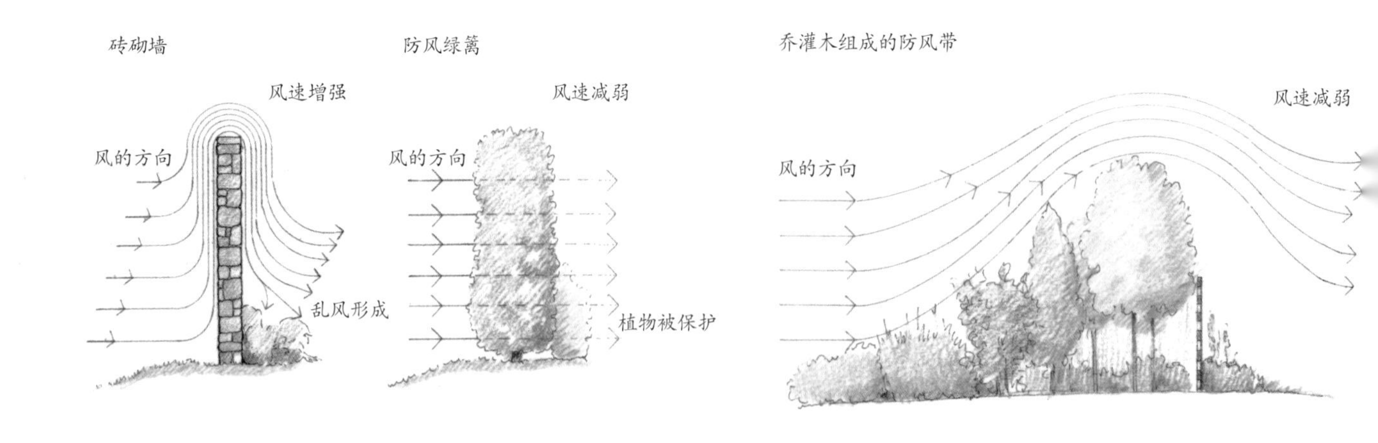

小花园设计注意要点：

1）小花园一般忌讳砌高墙，高墙影响园内的通风和采光，对植物生长不利。用通透的栅栏为好。

2）院子的入口大门不要直对住宅大门，为保护私密性，可设置一些障景遮挡视线。园内的主道可做固定铺装，支道一般用步石，这样有利于今后的庭园改造。

3）植物布局首先要考虑花园的边界，即院墙根的部位，需要用不同的方法遮挡，如布局高低不同的灌木，或用枝叶低矮的柏树，或设置假山等遮挡。园内配置可长成高大树木的品种一定要谨慎，尽可能布局在花园的边角，否则长大后会影响花园空间及视线。

4）花园尽可能以绿地为主，硬地减至极少，保证花园的绿地郁郁葱葱，充分发挥植物净化空气的功能。

5）做水池需谨慎，深浅和布局需注意安全性。

6）一般住宅门前或庭院门口都需要连接一块铺装硬地，方便进出使用。

花园规划平面图

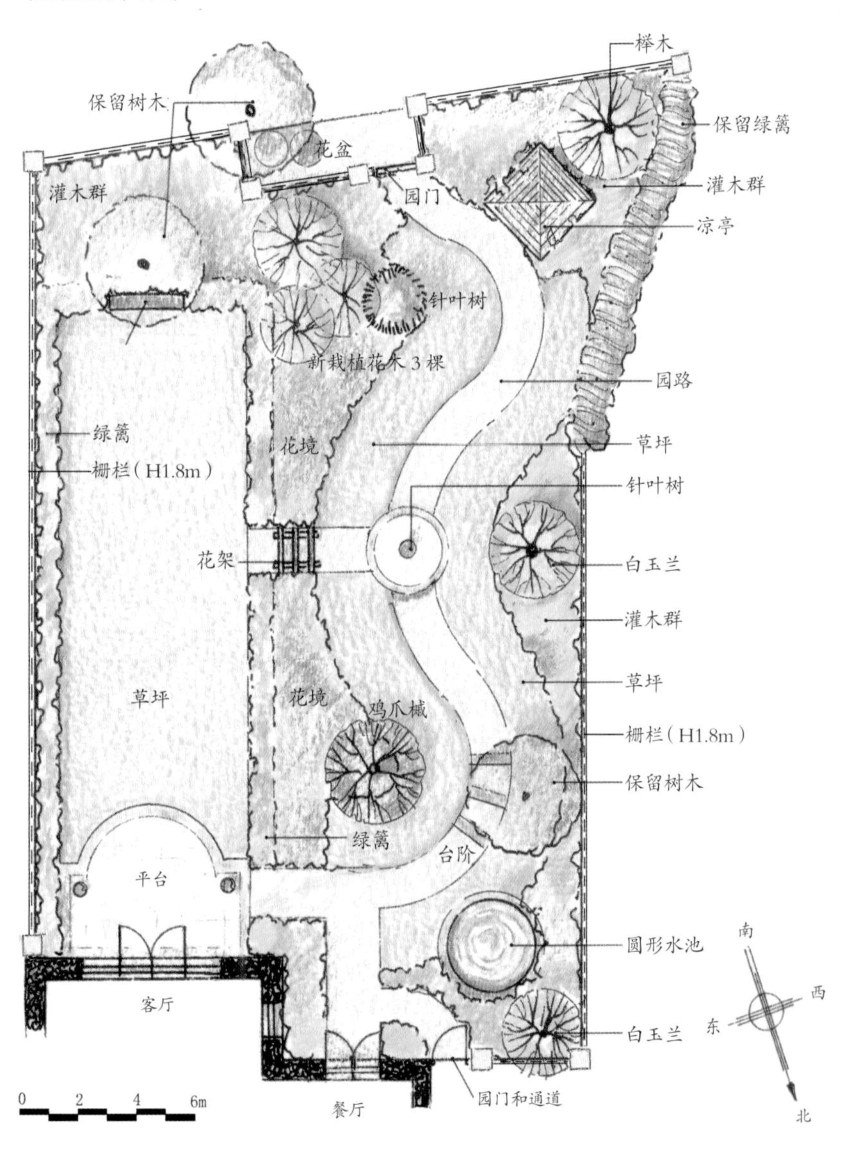

花园效果图

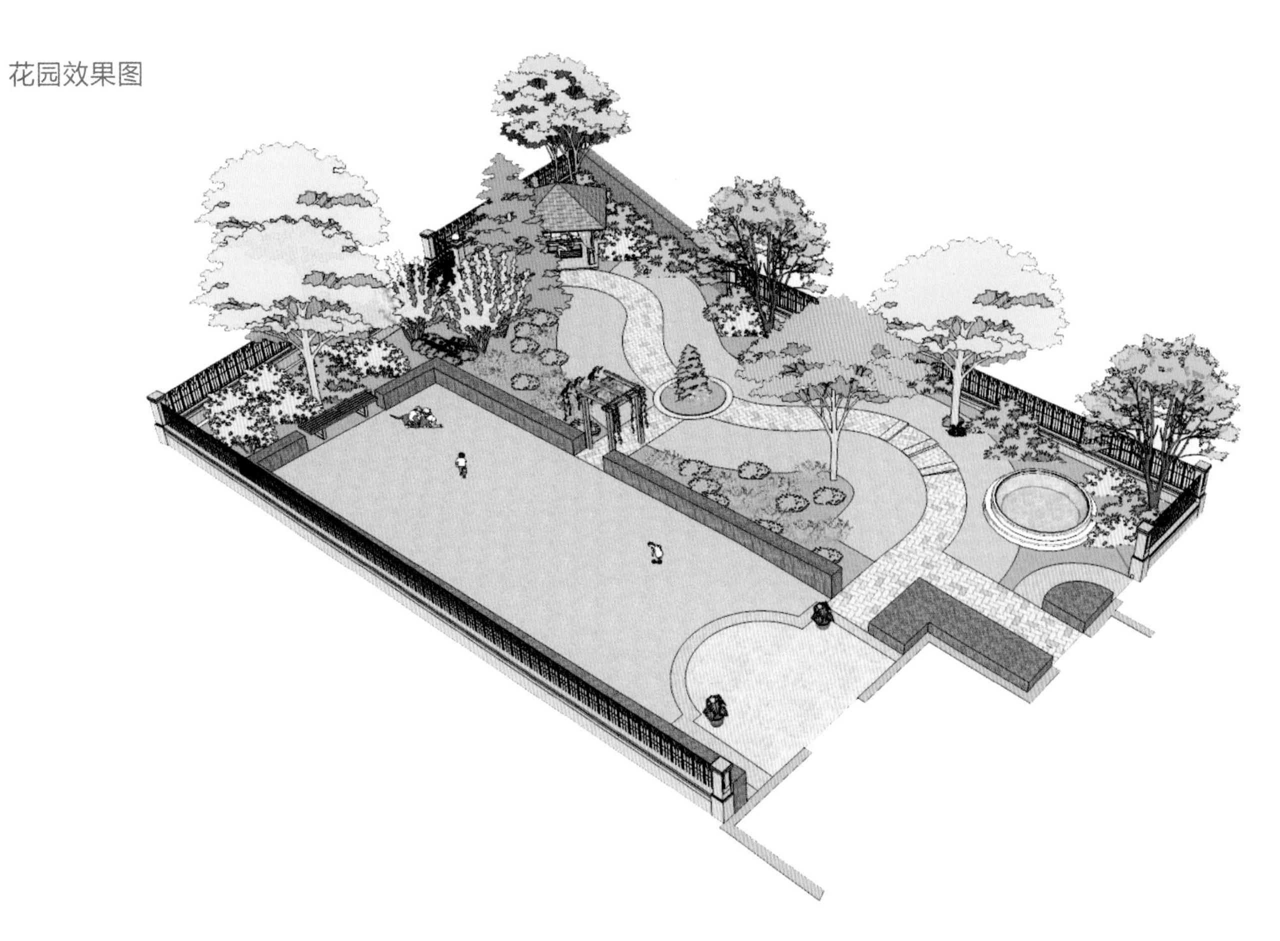

施工放样图解：

施工放样作业图

根据墙面直角找作业点

新栽植树

园门

保留的树木

新栽植树木点

园路

半径

新栽植树

90度

根据设计图纸中形态
落实到院落找施工点

新栽植树木点

保留的树

平台

园路

圆形水池

新栽植树木点

客厅

餐厅

园门通道

0 2 4 6m

南 西 东 北

施工放样方法：

根据基准线量出曲线每个点

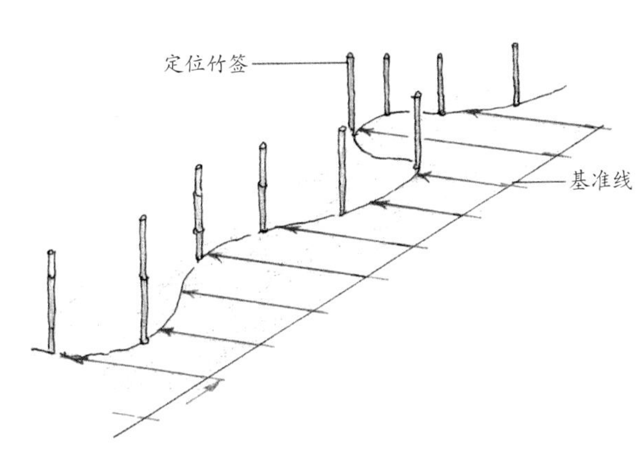

画圆方法：

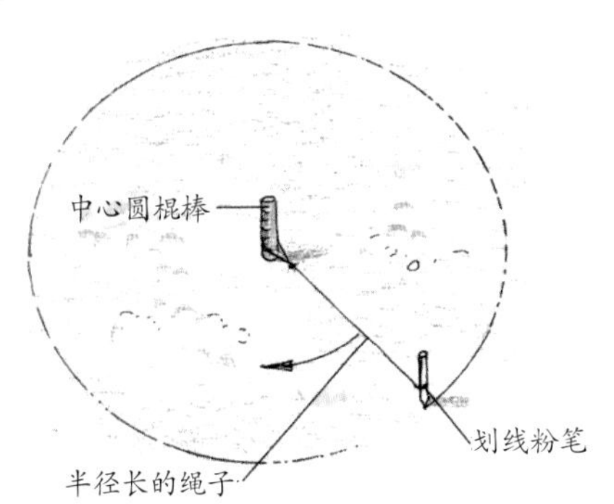

私家园林设计平面分析图参考：

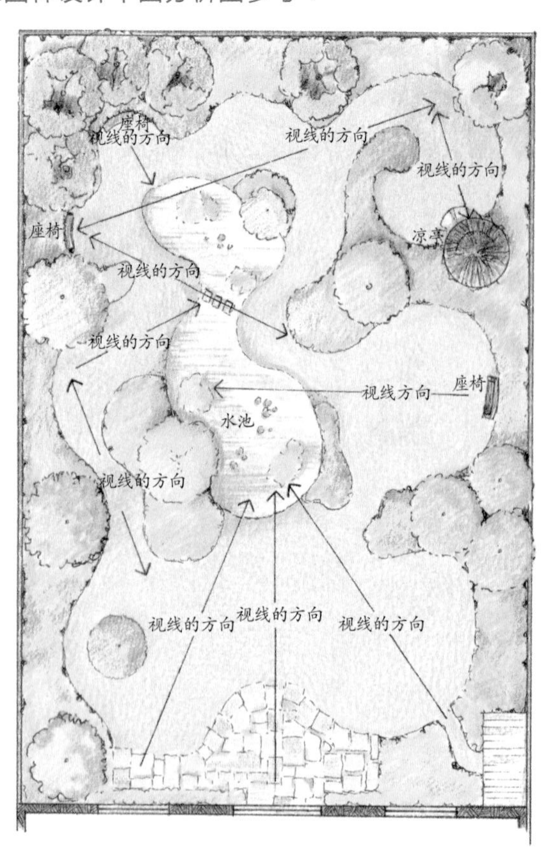

对称与非对称园林布局图参考：

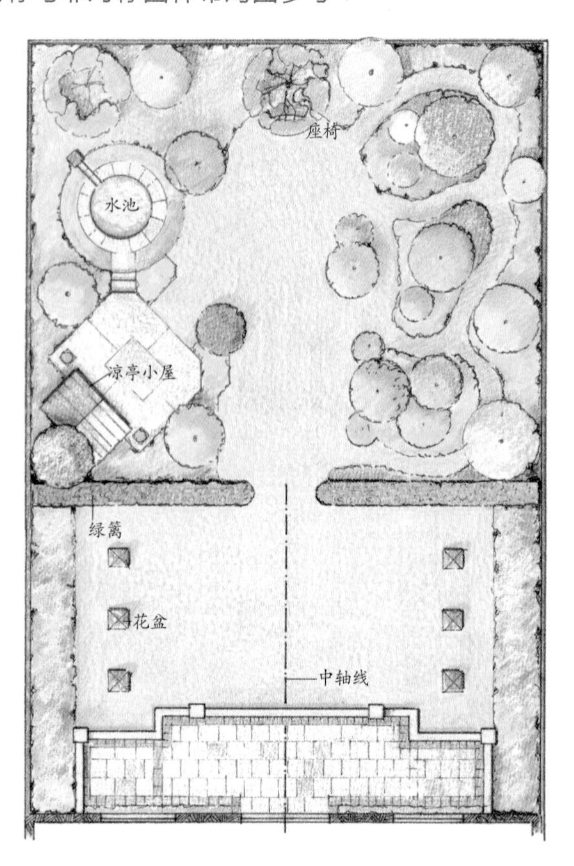

弧线为主的形式语言组成的园林例：

直线为主的形式语言组成的园林例：

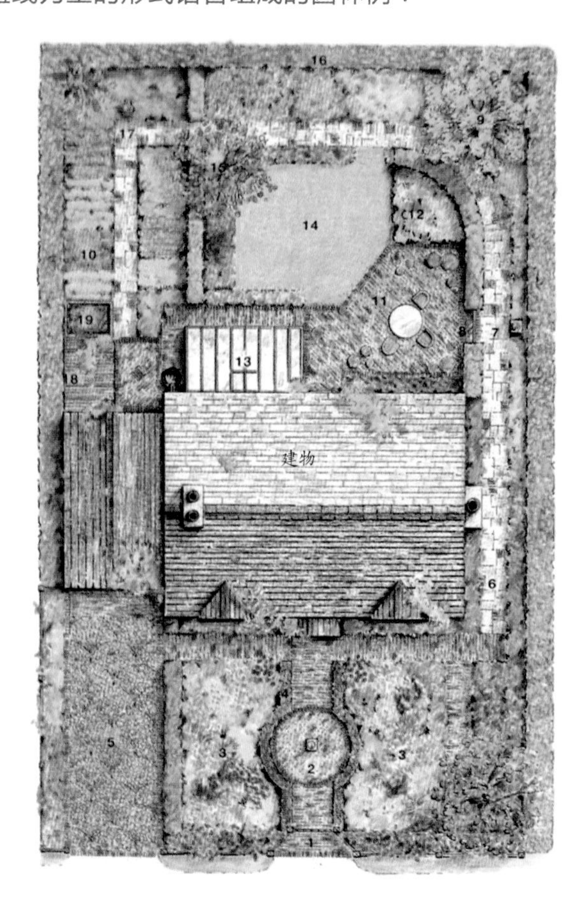

规整几何式形式语言组合园林参考：

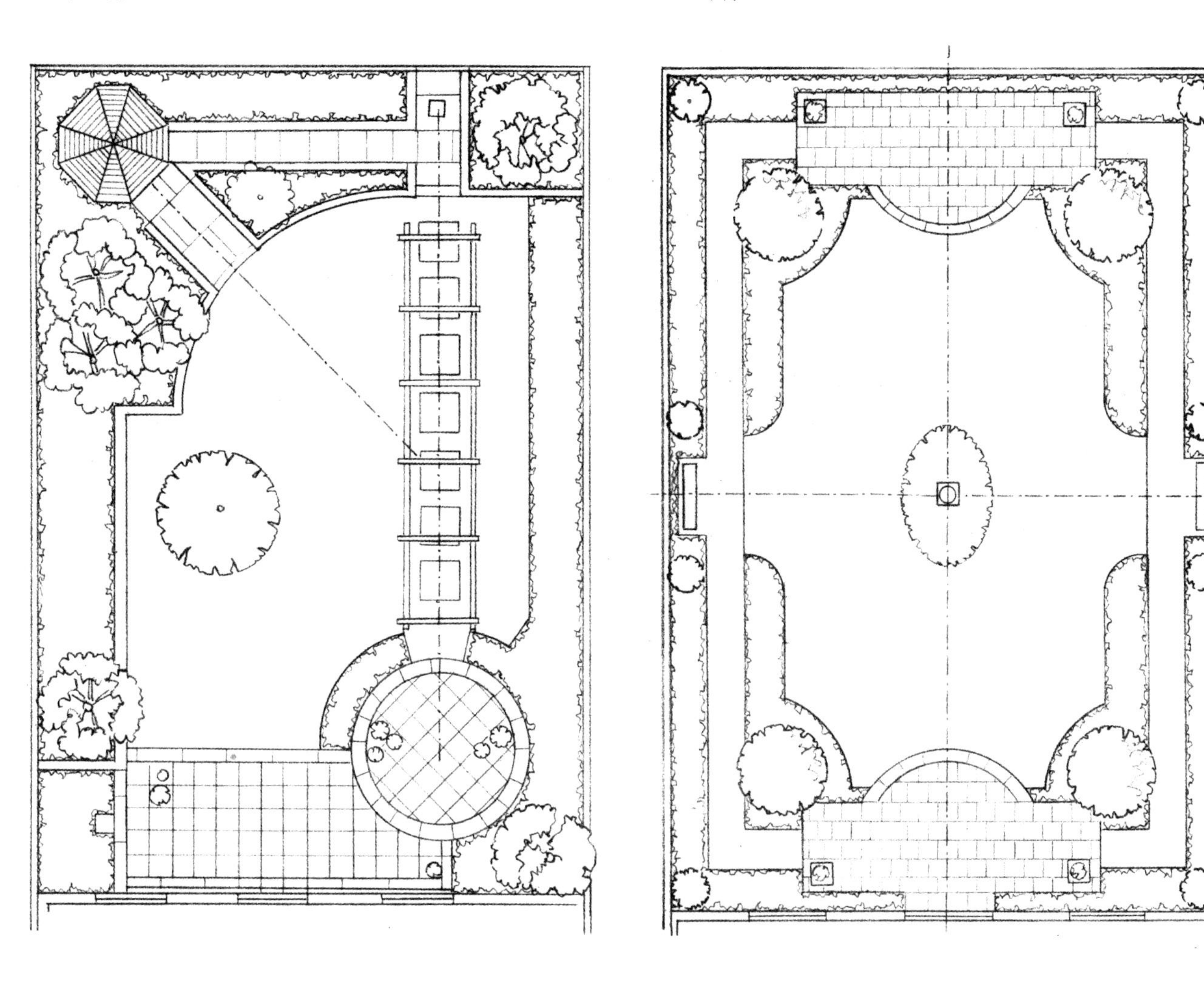

构画草图的过程是思考创造的过程，也是将不成熟的认知和创造思维逐渐扩展深入的过程。一个项目做两个设计方案是常事，因此需要多画草图、多思考、多比较，在比较中找到最适合的设计感觉。这样做的目的不仅是对设计的精益求精，也可给客户多一个比较和选择。没有比较就没有鉴别，只有深入思考的设计才能出优秀方案。对于初学园林设计的人来说，多构草图也是锻炼设计思维的过程。初次设计总会有很多想不到的地方，容易出错，特别是对尺寸的概念几乎没有，只有打开卷尺边设计边核实尺寸的长短，多构草图、多思量、多鉴别，这样的设计才会更切实际、更合理、更美观。

一个项目两个方案图例：

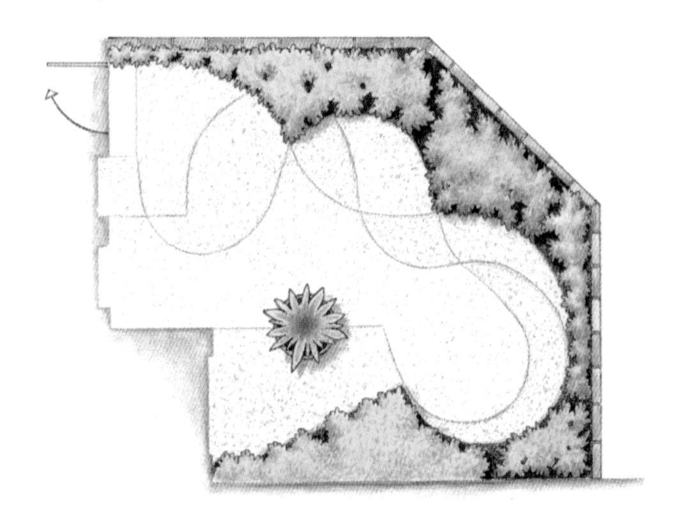

方案一：曲线为主的形式语言构成的小花园

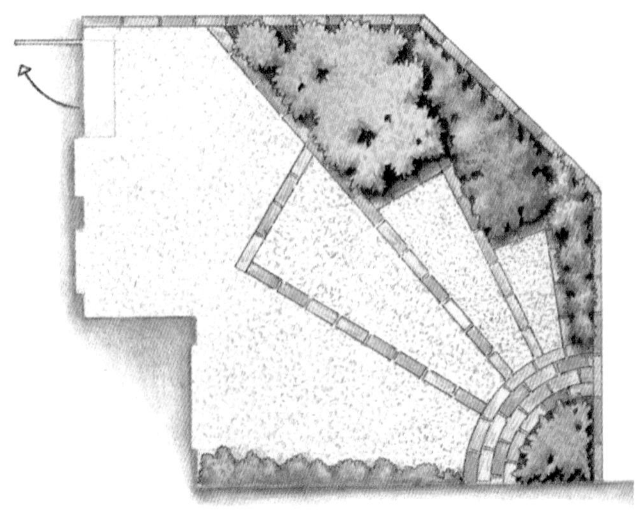

方案二：直线为主的形式语言构成的小花园

1）直线、矩形为主的形式语言构成的草图案例：

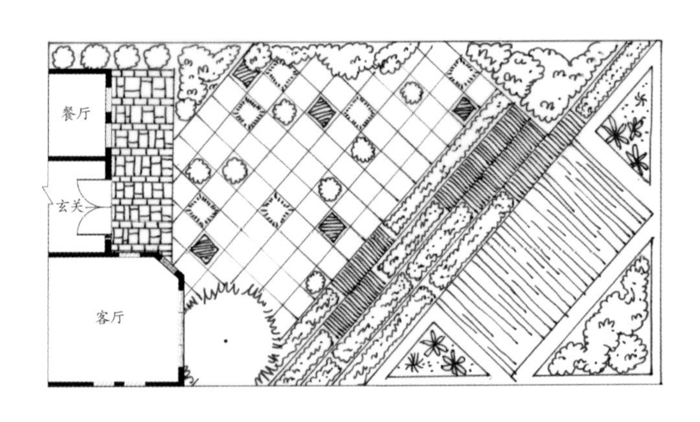

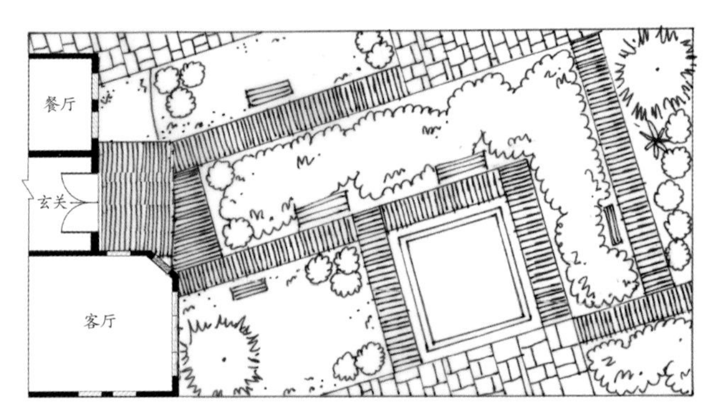

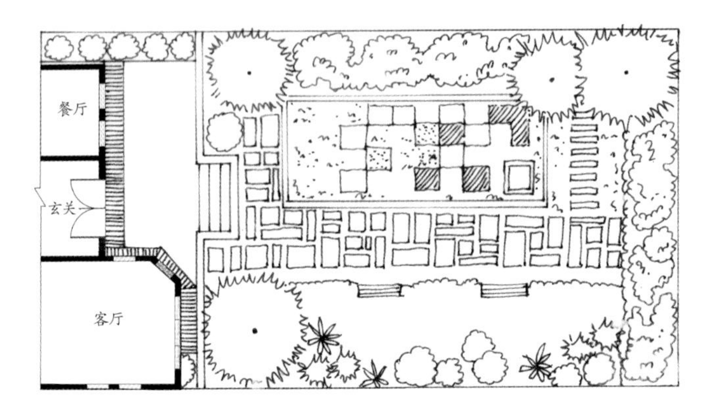

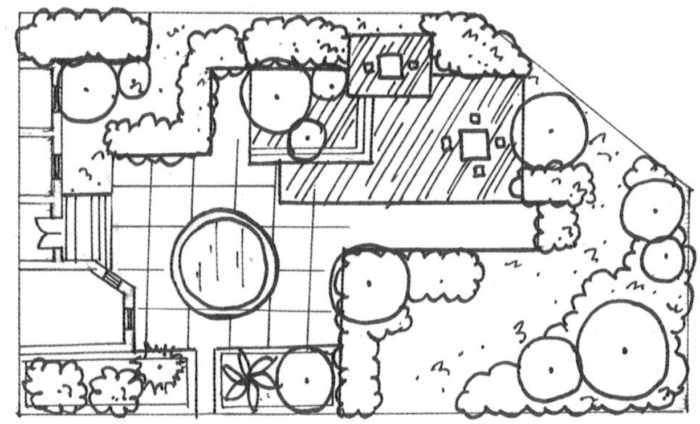

2）弧线、圆形为主的形式语言构成的草图案例：

私家庭园设计图纸

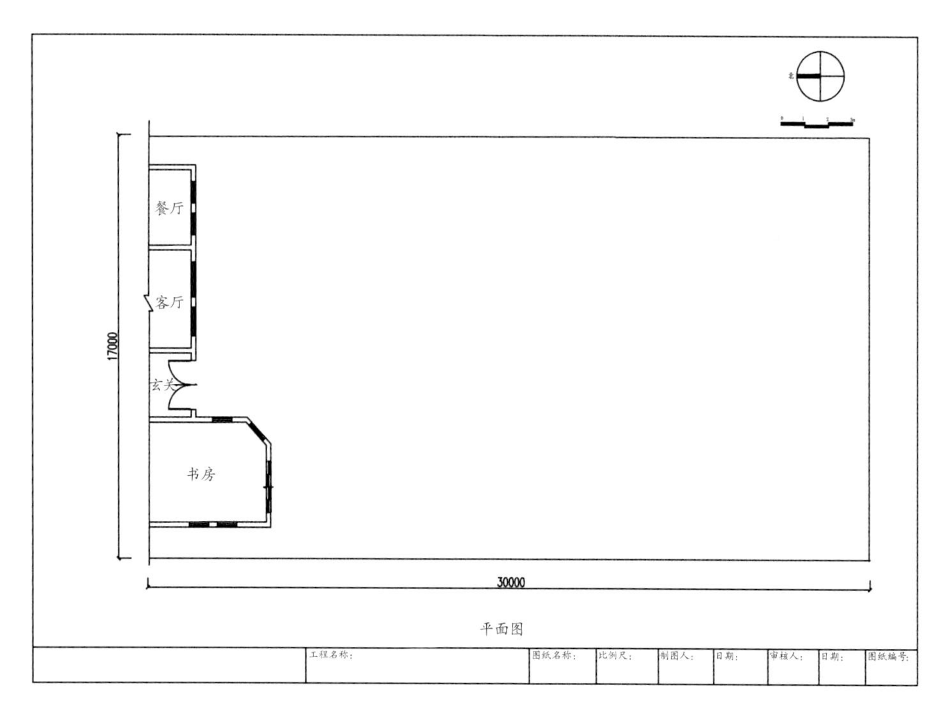

EXERCISES

作业题四

1. 私家庭园设计（17m×30m 的庭园）。一个设计做两个方案，做庭园规划平面图（标出方位和比例尺）和材料一览表。

2. 画出庭园设计的两个方案的效果图，平面图和效果图都要上彩，彩铅或马克笔均可。要求 A3 图纸，张数自由确定。

Chapter

第八章 中外园林设计理念与风格

无论是中国还是外国园林的设计思想理念决定了园林的设计风格。风景园林是人类生产生活的必然产物，也是人类文明发展的文化产物，它必然带有不同国家的文化色彩和时代特色。每个国家每个时代都有每个时代的审美需求，不同的设计思想设计出的园林风格也截然不同。因此有必要对中西方历史名园名师作一番了解，对风景园林风格所形成的根源及造园思想作一个较深入的探究。在此过程中，我们可以学到不同的造园思想、造园风格、造园形态、造园方法。中外风景园林的优秀案例会给我们从思想根源上带来新创意，促使我们不断学习，学会关心地球环境，关心社会、政治、经济、文化、艺术，关心使用人群，追求社会时尚，只有这样，才能设计出更多理想的、崭新的、符合时代审美的、深受广大市民喜爱的风景园林。

第一节 源于生活的实用园

风景园林的产生与人们的生活发展环境有着直接的关联。追寻中西方“风景园林”发展史的源头，它的雏形是从与人类生活密不可分的实用园开始。这些实用园的形成与当地的自然环境有关，即自然条件、地理位置、地形地势、光照雨水、气候温度等不同条件。俗话说“靠山吃山，靠海吃海”，这说明人类是依赖于一定的自然环境而生存的。

西方风景园林文化可以追溯到公元前3500年的古埃及，古埃及是西方造园的发祥地。它是一个地处热带、雨水稀少、没有森林的沙漠地区，冬季温暖，夏季酷热。每年7月至11月定期泛滥的尼罗河水给两岸带来肥沃的泥土填积沙漠平原。汛期之后他们在肥沃的土地上划建周垣，耕种农田，培育植物，以果园、葡萄园的形式开始。其他贫瘠的土地上只能生长一些橄榄树和无花果。

古埃及地理气候特别，没有森林，漫长炎热的夏日使得埃及人“视树如金”，对树木有天生的钟爱。树木能遮挡灼热的阳光，能带来凉爽的绿荫地。他们对树木十分呵护珍惜，并热衷于植树造林。他们以造“树木园”为动机建造家园，种植葡萄园、蔬菜园、植物园，实用园因此得以发展。由于气候干燥，雨水稀少，他们还喜爱挖掘水池，用水池蓄水饮用。水池的水分能缓解空气的干燥，特别是夏日，水池让环境更加舒适宜人。后来又逐渐发展到在池塘里饲养水鸟和鱼类，池中还种植了被誉为“花中之皇”的莲花，岸边加了亭式构造物，使得实用园林获得迅速发展。在古埃及的壁画中我们可以看到当时的人们种植树木、改造缺水环境的历史记录（图示）。“树木园”、“水池”都是埃及人最初追求的理想居住环境。园林的布局形式基本是人工的规整几何形中最常见的矩形。“葡萄园”、“果园”、“蔬菜园”、“树木园”等实用园，这正是古埃及园林的雏形。

古代中国青山秀水，自然环境优美，森林资源丰富，因此中国园林的雏形是以狩猎园开始的实用园。

古埃及的壁画证实了园林的雏形是实用园

古埃及人在种植的葡萄园内采摘葡萄

第二节 因地制宜的台地式庭园

因地制宜的造园方式是一种经济、美观、便捷的设计理念。由于世界各国的地理位置、地形、地貌、地质、气候的不同，就地取材，因势利导，这样产生出的园林自然具有得天独厚的风格。

意大利自然环境独特，山地丘陵占国土面积 80%，石材丰富，是多产大理石的国家。意大利人善于就地取材，因地制宜地营造家园。他们在地形特殊的丘陵地带的长长斜坡上建造房屋和庭园，首先会考虑到将斜坡设计成露台。根据斜坡的长度将露台相应地设计成不同高低的几层平台，整体上看立面像一栋建筑楼层的外观。正因为意大利具有山地丘陵的显著特征，有条件的人家都会在自宅前建造高低层次不一的露台庭园，平台的连接都是靠台阶串联，所以形成了意大利独特的层层叠加的台地式风景园。

意大利露台式庭园从整体上看它呈现出的是建筑立面和园林结合的有层次的外观。露台不一定都是铲平山坡而建造，有时也会在平坦的地面上堆土筑台，形成阶梯式形态，用挡土墙围成，墙壁有时还会做成各种不同装饰的壁泉。露台上会种植浓郁蔽日的树木和植物，还设置喷泉、水池等等。入口的门柱上还会装饰各种雕塑、装饰花坛、花瓶等，柱身布满雕塑。建筑屋顶和露台周边还会用简洁或精致的石栏杆围合，上面放有雕塑、花瓶和装饰壶等等。

意大利台地式园林中常见的形式有修剪成几何形体的绿篱围合的平台、含有雕塑的喷泉水池、雕塑壁泉、阶梯跌水、石柱围栏、大片开阔平坦的草坪、成行列栽植的树木，高低错落有致。地形、水池、瀑布、喷泉的造型几乎都是人工几何形体。从下往上看，台地式园林景观是一幅幅立面风景，从高处往下看，一个个花园形态尽收眼底。由于庄园地形复杂，几乎都要攀登阶梯去平台观赏，因此观赏园林的视角也非常丰富，随着仰视、平视、俯视的不停转换，会观赏到台地式园林的独特风景。就像法国散文家蒙田（Montaigne）去意大利旅游时说“我在这里懂得了，丘陵起伏、陡峭的、不规则的地形能在多么大的程度上提高艺术，意大利人从这种地形中得到了好处，这是我们平坦的花园所不能比的，他们最巧妙地利用了地形的变化。”

著名的意大利台地式园林案例有：罗马美第奇别墅庄园、埃斯特别墅庄园、朗特别墅花园等等。埃斯特别墅台地花园中的中轴线以山体为依托，贯穿数个台面，经历几个高差而形成跌水，而且庄园的轴线不只一两条，而是几条轴线或垂直相交，或平行并列，甚至还有的呈放射状排列。园中的建筑、草坪、树木无不讲究完整性和逻辑性，以几何形的组合达到和谐与完美。

意大利埃斯特台地式庄园的白泉路

意大利朗特庄园两侧巨大的河神雕像

第三节 规模宏伟的皇家园林

园林曾经是古代宫廷贵族和统治阶层玩乐享受的空间所在，也是财富、地位、特权的象征。东西方皇家园林有着共同的特点，那就是不惜代价要建造一个“人间天堂”，以规模宏伟、庞大的宫苑体现皇权的至高无上。由于造园观和手法不同，东西方皇家园林有着截然不同的风格。中国皇家利用特权和雄厚的财力，首先在园林选址上会选择最美的自然风景区。园林的规划通过建造殿、堂、楼、馆、亭、榭、阁、轩、斋、寺等人工建筑物的方式，将自然山水风景串联成一体，为皇家游山逛水休憩提供观赏自然风景的不同角度，充分体现“天人合一”的园林美景之乐。西方造园则是整理自然，将自然人工化、秩序化、工整化，使自然井井有条，享受“征服自然的乐趣”。虽是两种不同的设计观，但目的都是通过造园手段实现各自在精神上的极大满足。

中国清代最大的皇家园林避暑山庄

1.“天人合一”的中国皇家离宫苑

明清时期皇家园林建设趋于成熟，我国的皇家造园技艺已达到最高水平。我国著名造园家计成所著的造园技法书《园冶》相地篇中有记载：“园地惟山林最胜，有高有凹，有曲有深，有俊而悬，有平而坦，自成天然之趣，不烦人事之工。”宫苑之建，首在选址。清帝康熙选择建造离宫苑的地址是离北京 250 多公里的承德避暑山庄。这里原是清帝狩猎的地方，群山环抱，古木参天，山清水秀，景色十分迷人。1703 年始建，经过 10 年，初步建成 36 景。1741 年扩建增加了 36 景，共有 72 景。占地面积 564 万平方米，环绕山庄的宫墙长达万米，是清代最大的皇家园林。

避暑山庄的宫墙长达万米

避暑山庄总体按“前宫后苑”的规制布局。“前宫”为理朝听政，“后苑”为“游憩娱乐”，功能区域划分清晰。整个园林共由宫殿区、湖泊区、平原区、山峦区四大部分组成。避暑山庄的园林特色是保持了天然的自然景致，融南北园林特色于一处，虽是北方行宫苑囿，却有杏花春雨般的江南景色。突出了“天人合一”的造园设计思想，使避暑山庄宫苑形成了天然野趣和人工完美结合的皇家园林。

跨越银湖与镜湖之间水面的水心榭的三座亭桥与牌坊

宫殿区位于湖泊南岸，地形平坦，是皇帝处理朝政、举行庆典和生活起居的地方。由正宫、松鹤斋、万壑松风和东宫四组建筑组成，占地 10 万平方米。丽正门的入口左右两尊石狮，象征帝王威严。宫殿建筑青砖灰瓦、楠木原色廊柱。园内遍植松柏，清风吹过，松涛阵阵，“万壑松风”因此而得名。这里虽没有紫禁城的金碧辉煌，只有素雅清淡，但主体建筑延伸的一条中轴线贯穿的依次有门殿七间、正殿十一间，一样显得十分规整、严谨、庄重、肃静，不失皇家的气派和威严。宫殿院门有题字，园内散

避暑山庄中的平原区

置花树山石，园林气氛浓郁。

湖泊区在宫殿区的北面，由洲、岛、桥、堤组成。自然风景开阔深远。面积包括州岛约占 43 公顷，湖面被分割成大小不同的 8 个湖区。有西湖、澄湖、如意湖、长湖、镜湖、银湖、上湖、下湖，统称为塞湖。湖区结构以山环水，以水绕岛，层次分明，洲岛错落。有静水微波的湖面景色，也有含蓄弯曲带有野味的自然河流。水边种柳，湖中栽荷，富有江南水乡的气息。

平原区在湖区北面的山脚下，地势开阔，有万树园和试马埭。万树园榆树成林，浓荫蔽日；试马埭是一片绿草如茵，林木茂盛，一派草原风光。

山峦区在山庄的西北部，这里山峦起伏，沟壑纵横。沿着山坡散布着许多泉林和小瀑布，有银河泻落、晶帘挂岩，山泉与湖泊形成动与静的不同美景。山中的亭、台、楼、阁按自然山势地形建造，点缀其间，构成了“天人合一”的壮美景观。

避暑山庄还巧借东、北两面山麓的外八庙之景。有溥仁寺、溥善寺（已毁）、普乐寺、安远庙、普宁寺、须弥福寺之庙、普陀宗乘之庙、殊像寺。宏伟壮观的寺庙群围绕避暑山庄园林，形成众星拱月之势，使避暑山庄景色更加富有迷人的魅力。

避暑山庄整体布局以“师法自然、高于自然”为造园手法，巧用地形地势，依山傍水，景区分明。山中有园，园中有山。利用 100 多个园林建筑串联在自然山水之中，可眺望，可休憩，同时也构成了无数个园林美景。

避暑山庄有 72 处题名美景，如烟波致爽、芝径云堤等等。造园、观园、咏园、审园、赞园是历代文人游园的雅兴。题名不仅提升了园林的文化氛围，还便于记景、颂景、游景。这也是中国园林的一大特色。

承德避暑山庄北面山麓有雄伟壮观的普陀宗乘之庙（小布达拉宫）

避暑山庄的烟雨楼

避暑山庄的湖边休闲亭

避暑山庄山脚下的湖面景色

2. “征服自然”的法国皇家宫苑

法国凡尔赛宫苑是闻名世界的西方皇家园林的代表。17 世纪下半叶，法国已经是欧洲最强大的国家，经济繁荣昌盛。路易十四建立了绝对君权的专制政体。他选择了以路易十三在凡尔赛的临时行宫为基础建造新宫殿，请来了建筑师勒奥、天才的园林师勒诺特尔、最有天赋的画家伦勃朗。此外，这一时期的法国杰出建筑师、园林师、雕塑家、画家和水利工程师几乎都曾参与过凡尔赛的工程，可以说凡尔赛宫苑的建成是当时法国顶级文化艺术和工程技术的结晶。

凡尔赛宫苑始建于 1662 年，至 1689 年大体建成。占地面积为 1600 公顷，其中仅花园部分就有 100 公顷。如果包含外围大林园，占地就达 6000 多公顷。宫苑围墙长达 4 公里，有 22 个出口，气势十分宏大。路易十四不惜耗费巨资和 3.6 万人工劳力的投入，要在凡尔赛宫苑领略“征服自然的乐趣”，建造最强大的国王纪念碑。宫苑的布局大致分为三大部分：宫殿、花园、林园。中轴线朝东的一头通过宫殿东面正门放射出三条林荫大道伸进城市，轴线另一端朝西长达 8000 米，一头伸进西面花园直至人工运河，连接到天际线。从两个方向看，都是统率的构图，即王权统治着城市和乡村。

从宫殿建筑引出中轴线到宫苑的前部分是一对矩形抹角的大水池，水池中映照着雄伟壮丽的宫殿建筑身影。大理石的水池壁台上点缀有四尊爱神、八尊山林水泽女神与儿童以及象征法国主要河神的青铜像，雕塑的人物都是侧卧式或坐仰视，低角度视点与平展的水池融为一体，平静而和谐。从宫殿二楼正中向下俯视观望，两个水池像两幅镜面彩图平展在眼前，倒映在水池中的蓝天白云与雕塑交融在一起，有虚有实的景色，使前庭散发着浓浓的艺术情趣。

前庭中轴线的两侧是第一道横轴线，即宫殿的南、北两个侧翼，各有一大片几何图案式花园。南侧是建在橘园花坛之上的屋顶花园，有两块刺绣花坛，中心各有一喷泉。再向南落差 13 米之下是橘园，橘园被中间的圆形水池划为四份，成四角对称形花坛。花坛内是修剪成常青藤式的涡漩草坪植被，花坛周边围绕放有 1250 盆柑橘，还有石榴、棕榈等植物盆栽。与南花坛相对应的北侧花坛是由列植的锥形小柏树围合而成。花园里被修剪成几何纹样的黄杨发挥了精美的刺绣图案作用，体现了勒诺特尔“人工美高于自然美”的造园思想。

沿着中轴线的大平台向下走，就是“拉托娜”雕像喷泉水池，水池中央四层同心圆台，台边有许多会喷水的癞蛤蟆和乌龟。拉托娜是太阳神阿波罗的母亲，手拉着幼年的阿波罗雕像耸立在圆台最高处。象征幼年时的路易十四和他的母亲。

凡尔赛宫苑壮观的几何形式的“北花坛”

水池边的低视点女神雕像与水池风景融为一体

凡尔赛宫苑的橘园草坪，修剪成涡形纹样

“拉托娜手拉幼年的阿波罗”雕像喷泉与“太阳神阿波罗之车”雕像遥相呼应，背景是大运河

宫苑的中轴，从建筑到花园贯穿3公里的轴线上是最华丽的植坛、最辉煌的喷泉、最精美的雕塑、最壮观的台阶，最美的东西都集中在这条中轴线上或靠近左右两侧，其余部分都是烘托轴线。园林构图对称严谨，等级分明，层次清晰，统率部分和被统率部分一目了然。这种构图反映了勒诺特尔的造园思想，即认为国王是封建等级制的头领，必须突出君王的伟大。他在中轴线上设置了一条轴长330米，宽45米，笔直的国王林荫道，中央是25米宽草地。它代表路易十四将全法国连接成一个整体形成了中央集权的专制政体，体现了法国历史上的“伟大时代”，是法国安定繁荣的象征。绿荫大道的尽头是“太阳神阿波罗之车”雕像喷泉，在一个椭圆形池子当中，阿波罗驾着他的巡天车迎着朝阳破水而出，向东奔驰，与“拉托娜”雕像遥相呼应。这一段中轴线的艺术主题是歌颂“太阳神阿波罗”，比喻路易十四是太阳神阿波罗的化身。阿波罗泉池之后是长1650米，宽62米的人工大运河。每当夕阳西下，满天彩霞和大运河波光粼粼的水面，衬托着阿波罗雕像的背影，十分壮观。正对宫殿二楼的镜厅有17个落地窗口，可以观赏到这灿烂优美、如同仙境般的画面。这表现出勒诺特尔当时对社会秩序的理性认识，为突出皇权至高无上，追求皇家园林“伟大风格”的真正意义。

凡尔赛花园规模巨大，宏伟壮观。其中有用绿篱分隔的数量繁多的各种空间，有花圃、小园林、散步场所、花径、温室、柱廊、神庙、村庄、森林，还有动物园等。宫苑内有1400个喷泉，上百个造型精致的雕像，散布在花坛旁，喷泉边，绿茵茵的草地上，可谓是到处可见。雕像的题材大多数来自美丽的神话。如此多的雕塑放入园林里观赏，这也是勒诺特尔的首创。

用建筑手法设计园林是勒诺特尔的一个造园特色。花园的建筑化不仅仅表现在植物花圃和植坛的几何形构图上，而且表现在整个花园空间用绿篱墙体的分割上。凡尔赛宫苑是国王的露天接待厅和游乐场，是宫殿大厅建筑的延伸部分，勒诺特尔将花园的建造作为一种建筑的延续，用特殊的植物建筑形式来建造。他认为：将园林建筑化，不仅要和建筑物一起整体设计，还要让园林的设计特点和建筑保持一致。保持它们相互之间的和谐统一关系， 是追求整个花园格局的建筑与艺术完美结合的标准。

凡尔赛宫苑的设计是勒诺特尔名垂青史的著名杰作，成为法国古典主义园林代表的范本，开创了法国乃至欧洲造园的新风格。他的造园风格不仅为法国带来了空前的辉煌，而且成为统率欧洲造园长达一个世纪之久的园林样式。

“太阳神阿波罗之车”雕像喷泉面对宫廷建筑，中间是国王绿荫大道

第四节 宗教文化的寺观园林

风景园林的产生不仅仅是单纯的自然生活和生态现象，也是文化的一部分。宗教文化在中西方园林发展中占有一定的位置，为人类留下了不朽的文化历史古迹，塑造了风景园林中的人文景观。

1. 中国寺观园林

中国寺观园林是宗教的产物，具有悠久的历史，在中国园林中占有庞大的数量，比皇家园林和私家园林多几百倍。佛教文化由印度经西域传到中国，之后吸收了儒、道两家文化而演变为中国佛教的禅宗文化，以佛为天。据考古资料证明，中国的寺观起源于5000年前的神祠，即红山文化遗址中发现的女神庙。东汉时期在洛阳以皇家花园改建成的白马寺为我国的第一个佛教寺庙。寺庙兴建于魏晋南北朝。当时社会动荡，战争频繁，民不聊生，老百姓生活痛苦不堪。在这样的状况下，佛教的“因果报应”、“轮回转世”，以及道教中“取法自然”、“道可因修而得”、“得道的人可有各种神通，可长生，成仙”等观念赢得众多老百姓追随。佛教、道教盛行，以致北魏尊佛教为国教。在舍宅为寺的热潮中，许多贵族将自家宅园转化为寺庙，成为早期寺庙园林。统治阶级利用宗教、资助宗教，信徒也往往“竭财以赴僧，破产以趋佛”。寺庙拥有强大的经济力量，具备了开发寺观园林的物质条件。据说北魏洛阳和南朝建康的大小寺庙已达成百上千。当时的寺观园林十分兴旺，建造也十分宏伟壮观，环境自然优美。

中国的寺观园林为了求得一种超尘脱俗、静谧无为的生活境界，往往将寺观选址在自然风景优越的名山胜地之间，借“千峦环翠，万壑流青”的宝地来营造一种人们心目中的天国与仙境的氛围。亦如俗谚所说“天下名胜寺占多”。

寺庙的园林建筑依山就势与周围的天然景观高度融合。选址除了秀美的名山胜地以外，也会选择城市郊外风景优美或险要之地。寺观园林的营造十分注重因地制宜，扬长避短，善于根据寺庙所处的地貌环境，利用山岩、洞穴、溪涧、深潭、清泉、奇石、丛林、古树等自然景貌要素，通过亭、廊、桥、坊、堂、阁、佛塔、经幢、山门、院墙等的组合、点缀，创造出富有人文情趣并带有或浓或淡宗教意味的园林景观。寺观园林一般四周设有院墙，中轴对称、内外有别的建筑组群等级分明。寺观园林内承载了历代的宗教文化古迹，除了寺庙建筑外还有石雕、石碑、题刻、吟颂、匾额、楹联、点题、品评等；院内外配有古树名木，并有上百年的参天大树。一般常用的树种是：松树、柏树、银杏树、七叶木、栾树、槐树等，树木层层，浓荫围绕，夏日一片清凉。寺庙园林的风格处于皇家园

我国第一个佛教寺庙——白马寺

避暑山庄北山麓中金碧辉煌的须弥福寿寺庙十分壮观

贵州梵净山陡峭的山顶尖上升至云霄的寺庙园林，隐喻天堂和仙境

镇江金山寺建筑上的点题与楹联

林与文人私家园林之间，既有皇家的宏伟又有私家园林的温馨。中国寺观园林的发展使登山进香拜佛与游览园林胜景结合了起来，起到了以游览观光吸引香客的作用。寺观园林不仅是佛教举行宗教活动的场所，也是宗教艺术的观赏对象，成为了游客民众的交流中心。

2. 日本寺庙园林

日本寺庙园林是以枯山水为主要园林形式出现的。日本是一个岛国，地震、火山喷发、台风、海啸等自然灾害频繁。因此日本老百姓大多数信奉佛教。14 世纪时佛教的僧侣们已经用一堆堆石头来设计寺院，以表现佛教的禅宗理念和佛教意向。之后“枯山水”庭园将传统的风景园林形式抽象为静止的园林形式。园林的空间布局是硕大的矩形白沙上置几尊石组，这种空灵、苦行的表现形式是佛教思想的表现，与禅宗各宗派的清规戒律相符。

单纯的抽象的静观园林形式有助于训练思维，因此寺庙庭园也就成为了帮助思考实践、来世、短暂和永恒等问题的工具。对于寺庙的僧侣来说，每天坐禅面向枯山水园林，置身静寂、简朴、素雅的枯山水庭院，可以更好地冥想和感悟人生，并有一种超凡脱俗之感。枯山水庭园风格渗透出“空寂”之美，也是立足于这种“空无”之上又超越“空无”的凄美之感。用简约枯淡的形式去表达丰富的想象力，从枯山水“以沙替水、以石代山”的庭院中获得精神上的力量，以此让僧侣们感受到“万物空灵”的禅宗世界。如：日本京都龙安寺的“枯山水”方丈庭园建于15 世纪，是日本最有名的园林精品。石庭呈矩形，占地面积仅 330 平方米，庭园地形平坦，大片灰色细砂砾上有 15 尊大小不一的石块。石块以二、三或五为一组，共分五组。石组以苔镶边，往外即是用木耙工具耙制成的大小不一的同心波纹。同心波纹可喻雨水溅落池中的涟漪或鱼儿出水的波纹。园中砂石的细小与主石的粗犷、植物的“软”与石块的“硬”、卧石与立石均形成微妙的对比，只有白砂、绿苔、褐石三色，整体园林格调简洁、素朴，显得十分和谐宁静。

枯山水园林的造园特点是营造独特的安静至极的氛围，几乎放弃了所有动态的造景元素，如池和泉，也基本不使用任何开花植物。园林色彩追求单一的素净，常使用一些单一的常绿树、苔藓和静止不变的沙、石等元素，营造宁静、永恒的景观氛围。树木、岩石、白砂、土地，寥寥数笔却蕴含着极深的寓意和境界，它们是山峦、岛屿、海洋，它们就是凝固而永恒的宇宙世界。枯山水庭园给人的精神震撼力是巨大的。

日本京都寺庙中清宁致美的枯山水园林

日本京都龙安寺方丈前庭的枯山水

立石为山，灌木为岛，以沙代水的枯山水寺庙风景

寺庙中的枯山水风景简朴素雅，营造了一种静谧的坐禅冥想空间

第五节 艺术情怀的诗画园林

古人造园是造心中的理想栖息地。园林是文化的载体，古今中外著名园林景观都有其深厚的文化背景和特色。造园的设计理念可在留存的园林中显而易见：有历史内涵的，有名人古迹的，有奇妙传说的，有宗教内涵的，有诗文画意的等等。造园受诗画影响的案例有许多，如我国江南私家园林、英国的风景园、巴西的抽象图案式园林等，它们各有特色，均突出表现了以绘画为造园蓝本的历史事实。

1. 中国诗画文人园林

“中国园林总离不了中国诗文。而画呢？也是以南宗的文人画为蓝本。所谓‘诗中有画．画中有诗’，归根到底脱不开诗文一事。这就是中国造园的主导思想。”（陈从周《中国诗文和中国园林艺术》）中国魏晋南北朝时期，社会动荡不安，田园和山林成了当时士大夫们出乎于世尘之外的理想天地。他们想逃离残酷的现实，隐逸江湖，寄情山水，风雅自居，于是，纷纷建造私家园林，在自己的生活居地中建造具有山水之美的环境，将自然式风景山水缩写于园林之中。这就是中国私家园林的开端。陶渊明，田园诗人的代表性人物，他的一句“园日涉以成趣”，描写了他归隐生活的愉悦，同时也让“园”成为了文人追寻的梦中之园。在他的眼里，自然景物无不生动。他高超的诗文表现力将大自然的美形象化了，神圣化了，成为当时文化人追求的目标，奠定了山水画的精神基础。文

竹林怪石都是文人园里常用的造景元素

王维的《辋川园》绘画

明代文人心目中的理想家园

苏州狮子林中用奇形怪状的太湖石叠山，充满了趣味和想象力

人造园无不遵循他的诗文中的美学思想，寻求返璞归真，营造悠闲养性的理想环境。田园风景式的造园思想在私家园林中开始流行。

中国园林真正受诗画影响的是唐朝中期。著名诗人画家王维设计了供本人消磨退隐生涯的辋川园，他在辋川的河谷中借景造园，园林中约有二十一景。有自然巨石风景、有瀑布，有竹园、鹿园等。辋川园由于经王维的诗文酬答和留下的《辋川图》之故，成为后代文人崇奉的居住园林的理想。这对当时的田园式造园思想有着很大的推动作用。唐代的文学家柳宗元对建筑和园林也很有兴趣，留下的文章多与园林有关。他在被贬为"永州司马"的时候在当地辟园，为自己选的园址以"愚"为名。愚园虽狭小，但也有丘、有泉、有溪。从中我们可以发现隐士们钟爱的园林之物大致有五种至纯之物：水、园石、竹子、松树、梅花。他们观察的自然，并非是一般人所看到的完全粗放野性的自然，他们对一山一石，一草一木的自然风景都有着特殊的眼光和感悟，并赋予了自然景物一定的文化内涵。如："松竹梅岁寒三友"，赞扬其傲雪迎风、不怕严寒的高尚品质。白居易在《养竹记》里写道"竹似贤何哉？竹本固，故以树德"，"竹性直，直以立身"，"竹心空，空以体道"，"竹之于草本，犹贤之于众庶"。到北宋的文学家苏轼也说"宁可食无肉，不可居无竹"。可见中国文人对竹子情有独钟。园石象征"咫尺山林"，屹立在园中展现了"千古不朽"的永恒精神。王维、白居易、柳宗元，他们为后代以松、竹、怪石为主题的绘画开启了先机。以致中国文人私家园林里都少不了竹子和怪石的身影，追求园中有画，画中有园，园中有情的生活情怀。

苏州留园观鱼池被水榭、亭台、长廊围合提供了可坐观可游赏的多面视角

松竹梅在文人园林中和太湖石组景意境深远

明朝中后期是我国园林艺术集大成时期，文人士大夫的私家园林十分普及。画家诗人们纷纷参与造园活动，借用精辟的写意山水画论来指导园林艺术创作，按照山水诗文的意境营造园林美景以供游赏，将文人山水园林推向了高潮。能诗善画的造园设计家计成，他把中国国画构图写意方法用到了建造园林中，东第园、寤园、和影园都是他设计的成功作品，他所著的《园冶》一书是我国唯一的经典造园书籍，更是流芳百世的名作。

传统园林建筑是为观景而建，同时又是被观的风景

中国文人园林与中国山水画一样，讲究题记、款识、印章。诗文可以开拓园林意境，起到点景作用。如苏州沧浪亭建筑题匾"翠玲珑"，楹联题句"风篁类长笛，流水当鸣琴"，有竹林隐逸的情怀。网师园撷秀楼题咏"岩前依仗看云起，松下横琴待鹤归"；狮子林立雪堂题咏"苍松翠竹真侠客，明月清风是故人"，都表明了园主林泉隐逸的情怀。扬州有二十四景，南京有金陵八十四景，各景有名称，有图有诗文有题记，有历代文人游览的题咏，读起来朗朗上口。通过造景、观景、咏景、审景、点景，以山川形胜、人文典故、佛道胜境、文人雅兴提炼具有地方特色的景观，立诗碑作榜题，以便传承，供后代游人解读。

总之，中国诗画文人园林的设计特点就是追求园林的诗画意境，寓情于景，将自然美与人文情怀相结合，创造出"意"的优雅和"境"的俊美。

2. 英国风景画式园林

15 世纪以前，英国园林风格比较朴实，以大自然草原风光为主。16、17 世纪，受意大利文艺复兴的影响，一度流行规整式园林风格。直至 18 世纪工业革命后人们开始厌恶城市生活和工业文明，开始更加向往田园。人们不再喜欢炫耀人工、权威、财富和力量，造园开始崇尚绘画艺术，有意模仿克洛德和意大利画家罗莎的风景画，以法国意大利风景画为造园蓝本，构成林泉胜境、园林风光，追求自然风景式的园林风格。18 世纪浪漫主义思潮兴起，著名的英国浪漫派散文作家阿迪生宣称，园林唯有像天然风景才有价值。诗人蒲伯说“凡园皆画”，主张以画理治园，并亲自实践体验画与园林的关系，立志投入诗中有园、园中有画的尝试，还制定了造园三律：对比分明、意外之景、无尽意境。蒲伯的好友造园家史本斯也认为，诗、画、园三门艺术息息相关，园林是放大的风景画。这和中国的造园思想十分相近。

英国自然风景式园林的开创者是画家威廉·肯特，他深受法国画家普桑和劳伦的影响，运用树石布局园林构图。以“自然讨厌直线”的理念作为他造园的美学思想，抛弃所有人工化的几何式造园要素，用画家的眼光将自然元素池、桥、假山、石洞、废墟等组成自然式风景园林。他所造的风景园具有一连串的画面感。肯特被人评价为：“他具备一种能从模糊不清的文章中提炼出真正的体系的才能。他跃出围栏，然后看见所有的自然都是完美的园林……”。肯特之后的另一位造园家是兰斯洛特·布朗，他在肯特的思想基础上发展了自己的造园设计理念。他因运用这些有效的思想在英国造园界名声显赫。布朗改良了荒地，缔造了宜人的风景，但这一切都是以他直接摧毁雇主的围墙花园，清除了石阶、平台以及园林的装饰物为代价而换来的。他拆除园墙和灌木树篱，将规整的池塘水池抽干改成草坪，或将其连成大片湖水，堤岸被修建成优美的曲线。布朗的所有艺术形式都是将弯曲的水流与自然起伏的草坪相连，小树丛和林带基本点缀和布局在自然适宜的主要部位，园林没有边界线，视野开阔通透，营造了一幅幅有奇妙光影效果、令人感觉自然舒畅的风景画面。一些造园评论家也希望园林场景应该像知名艺术家笔下的绘画作品一样优美。他们坚持“我们造园过程中认为的改进措施是以自然风景为范本。”（《作为美术的园林艺术》）

英国风景园主要布局有自然的水池，略起伏的大片草地，弯曲的园路，湖岸、树木边缘线采用自然圆滑的曲线，树木以孤植、丛植为主，植物采用自然式种植，种类繁多，色彩丰富，经常以花卉为主题，并且有小型建筑点缀其间。小路多不铺装，任人在草地上漫步运动，追求田园野趣。园林的界墙均作隐蔽处理，过渡手法自然，并且把园林建立在生物科学基础上，发展成主题类型园，如岩石园、高山植物园、水景园、沼泽园，或是以某种植物为主题的蔷薇园、鸢尾园、杜鹃园、百合园、芍药园等。

肯特参与设计的英国斯托海德风景园，园中的湖岸景色

英国郊外自然风景园

英国布伦海姆风景园

英国郊外自然风景园中的湖泊水景

3. 巴西抽象图案式园林

巴西受现代派绘画的影响建造的园林也十分有特色，值得一提的是巴西景观造园大师布雷·马克斯的园林作品。他在德国柏林的达雷姆植物园里偶然发现了引进的巴西美丽热带植物，这深深地触动了他。因当时巴西造园几乎是千篇一律的欧洲传统式几何园林，巴西人对本国的热带植物不屑一顾，而对引进欧洲植物十分热衷。这引起了他的深思，他意识到巴西的植物大有作为，巴西那些无味的造园现状一定要突破。之后他对巴西的植物兴趣越加浓厚，还交往了巴西的植物学家，掌握了更多有关植物的知识。

马克斯曾在里约热内卢国立学校学习艺术，这对他的造园艺术生涯有着重要影响。当时学校采用的是包豪斯的教学体系，将建筑、雕塑、绘画、工艺结合为一体，几年的学习造就了他很强的综合艺术造型能力，为他之后的景观造园成名作品打下了坚实的基础。他的作品风格和艺术特色在他的造园中一一展开，形成了他独特的现代抽象绘画式的园林。对他影响甚大的是勒·柯布西耶。一次偶然的机会，他认识了巴西邀请来帮助设计巴西教育卫生部大楼的一批欧洲建筑大师，这座大楼的屋顶花园是柯布西耶新建筑思想的组成部分之一，马克斯担任的是屋顶花园和地面花园的设计。在这次设计中他运用了自由流动的曲线和大片的植物色彩搭配，形成了美丽抽象的图案式花园。风格独特优雅，初步展示了他的平面设计的绘画风格。与柯布西耶的这次合作让他受益匪浅，柯布西耶清晰的设计理念给他留下了深刻的印象，对他的造园设计思想有一定的影响。马克斯做了很多项目，他的多样综合性艺术才能在园林中充分得以发挥。如园林中的壁画、雕塑作品都是他一手设计，植物的布局、整体风格、园林氛围等无不散发着现代绘画艺术的浓浓气息，他的多才多艺形成了他别具一格的抽象图案式园林艺术风格。

马克斯设计了许多著名的私家园林，如奥德特·芒太罗的私家园林。园林坐落在自然的山谷环境中，马克斯将自然和抽象绘画形式完美地结合在了一起。小湖边栽植的是水生植物，弯曲的小道两侧是大片流动形的花床，弯弯曲曲的园路将山谷中不同的景色相连接，构成了一个个自然和艺术相结合的审美观赏空间。可以说，芒太罗园林是马克斯设计的私人花园中最活泼、最具活力的风景园林。

拥有画家、雕塑家、艺术家、造园家等多重身份的马克斯具有很强的综合艺术造型能力，因此在造园设计中他能将艺术发挥得淋漓尽致。无论在造园的形态上还是色彩上他都十分精通，并能把控和运用得恰到好处。从他的园林设计作品中看，他的形式语言大多数受到来自毕加索的立体主义和米罗的超现实主义等现代派绘画的影响。他是20世纪最杰出的造园家。

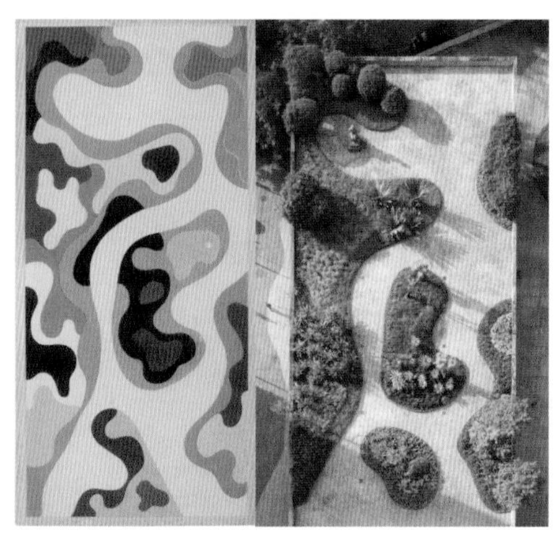

巴西教育卫生部大厦的屋顶庭园平面图和施工后实景

马克斯的壁画作品和园林设计的融合

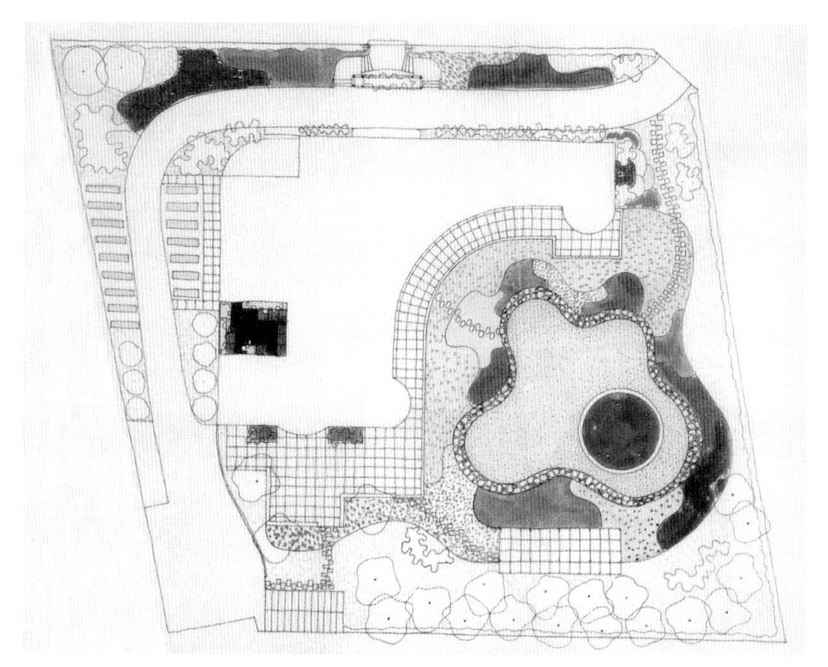

马克斯设计的私家园林平面

圣保罗的步道和花园体现了现代绘画的艺术形式

巴西某公园实景

达·拉格阿医院庭园实景

巴西发展银行花园

马克斯设计的公园施工后实景（矿物质的屋顶花园，└ancoSafra 总部）

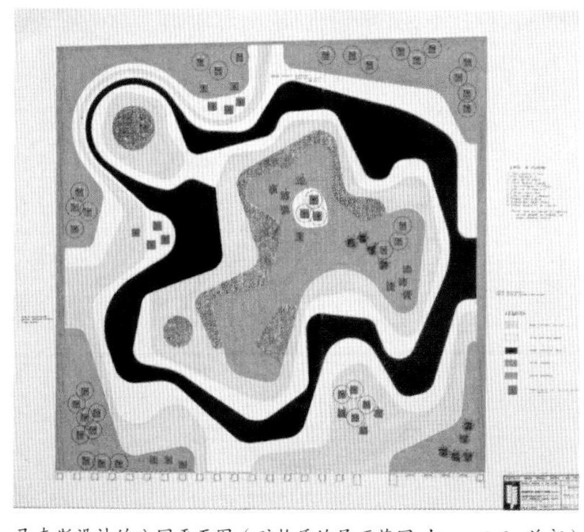

马克斯设计的公园平面图（矿物质的屋顶花园，└ancoSafra 总部）

第六节 可持续发展的生态园林

19 世纪初工业革命以来，随着西方工业时代的结束，生态意识逐渐成为社会思潮的主流。工业文明在给人们带来丰富物质文明的同时，也给人们赖以生存的环境带来了灾难性的破坏。在社会、政治、经济、文化、艺术等综合因素的影响下，风景园林设计的思想发生了根本性的变化。生态环境的日益恶化使得风景园林设计肩负起保护生态环境、以可持续发展的观点营造生态园林的重任。“将自然引进城市生活”的设计理念成为西方现代风景园林学的核心思想。

1969 年美国宾夕法尼亚大学教授伊恩·麦克哈格（Ian L.McHarg) 出版了一本《设计结合自然》，在西方学术界引起了很大反响。他指出人们无视自然，无视人与自然的关系，只注重短期经济利益，最终受灾难的仍是人类自己。麦克哈格是美国哈佛大学景观规划设计和城市规划设计双硕士毕业，学习期间学过绘画。毕业后回家乡苏格兰，重返旧地时让他感到痛心，过去自然美丽的家乡已消失。丘陵被铲平、谷底被填埋、小河变成黑水沟、树木被砍光，原本的自然痕迹已荡然无存，且由清一色的公寓和宽大的水泥道路所替代。人们满以为乡村的原野建设，变成城市一样的小镇能给人们带来丰富的生活，结果相反。当时身患肺结核的麦克哈格在当地疗养院度过了半年。后来他去瑞士阿尔卑斯山的疗养院休养，那里美丽的自然环境深深触动了他：白雪皑皑的山岭披着灿烂的阳光，山间美丽的鲜花、丰硕的果园、新鲜的空气，周边多彩缤纷的田野，大自然的壮美无一不让他精神愉悦和满足，在这疗养院中他的病情很快好转。这段经历使他更加坚信：风景优美的自然环境对人的精神和肉体的健康恢复是起到重要作用的，乡村的自然生态环境对于人的健康来说远远胜过城市。

麦克哈格的生态理念以及对环境保护的价值提倡，在园林界中得到了充分肯定并得以广泛推广，他是 20 世纪最有影响力的人物之一。 在很大程度上，他在园林设计思想、内容、形式、节奏、价值观等方面促进了新的转变的发生。例如，经济发达国家中对废弃厂房旧址进行生态性恢复和改造的案例；利用和维护自然的地形、地貌、地质、植被、水体等进行生态环境设计的案例；表现和恢复自然生态之美成为园林设计的时尚；使城市景观更加贴近自然，农村被破坏的环境得以修复；各种生态园林，如：森林公园、生态园、湿地园、植物园、乡村田园风景等自然风景园设计的出现。

湿地是生物多样性丰富的重要地区和濒危鸟类、迁徙候鸟以及其他野生动物的栖息繁殖地。依赖湿地生存、繁衍的野生动植物极为丰富，其中有许多是珍稀特有的物种。湿地在蓄水、调节河川径流、补给地下水和维持区域水平衡中发挥着重要作用，是蓄水防洪的天然“海绵”。湿地可降解污染物。湿地的生物和化学过程可使农药、工业污染物、有毒物质得到降解和转化，使当地和下游区域受益。因此湿地被各国列入了生态保护的自然环境中。麦克哈格的“将自然引进城市生活”的设计理念逐渐成为现实，被污染的城市环境也得到了及时的恢复和改善。

日本白川农村中的生态园林

日本白川合掌村茅草屋与良田生态景观

英国农村生态茅草屋顶与农家花园

贵州省黔东南山寨古建筑与青山绿水构成美丽的农村风景

西藏湿地公园

第七节 人文关怀的公共园林

无论是皇家宫苑还是私家园林，它们的共同特点都是一个供少数有钱有权的富人阶级观赏游乐的封闭式场所。19 世纪中叶，城市公园建设在美国逐渐兴起，风景园林逐渐摆脱为少数贵族和特权阶层服务的局限，开始转向为城市的普通大众服务，工作的主要内容是城市的综合整治和公共园林的建设。此时美国涌现出了一批卓越的园林设计师，其中弗雷德里克·劳·奥姆斯特德是最杰出的代表。他继承了英国“风景如画”的自然主义造园思想，认为“公园设计理应完全遵循和保持自然美的原则”，将美丽的自然风景引入城市生活，并以公园环绕城市，形成连续完整的城市绿地系统。他认为风景园林不仅仅是艺术创作的一种形式，而是为市民服务的公共娱乐场所。他与卡尔弗特·奥克斯合作设计的美国纽约市中心的中央公园，成为了美国城市建设运动中公园建设的里程碑，被誉为“镶嵌在纽约皇冠上的绿宝石”，这充分体现了奥姆斯特德卓越的造园思想。他认为只有对城市及区域进行整体的、科学的、合理的规划和利用才是解决城市扩张所带来问题的有效途径。

随着社会、政治、经济、文化、宗教、艺术的发展，人类文明的进步，人们对文化艺术娱乐生活都有了新的需求，公共园林的形式和种类也在不断变化和丰富。陆续出现了植物园、游乐园、迷宫园、运动园、纪念性公园、生态园、湿地公园、花卉绿博园、街道公园等等，由最初的实用园逐渐发展为具有观赏、体验、游乐等不同功能的公园。庭园的内容和形式也变得愈加丰富，规模也愈加开阔庞大。不可否认：其演变过程的关键是经济和文化的繁荣成为推动园林发展的强大动力。公园绿地内也随之设置了许多休闲游乐、健身运动、休憩疗养的场所，丰富了市民的生活，缓解了人们因工作带来的精神压力。这充分体现了人性的关爱和人性化的设计理念。

1. 一般城市公园

一般城市公园是指具有一定绿化环境的户外公共活动空间。最常见的是住宅小区的配套庭院。住宅小区庭园的主要功能为：（1）提供户外活动环境，促进市民健康；（2）绿化环保，调节空气；（3）植物观赏，陶冶性情；（4）休憩养心，促进邻里交流；（5）美化城市，繁荣市民文化；（6）为防灾避难提供安全场地。这种带有普遍意义的住宅小区庭园，深受广大市民的喜爱。都市住宅区内的大小公园到处可见。不仅方便了广大市民，同时也丰富和美化了城市环境。

可以说一般城市公园的基本特点就是为了方便和满足广大市民户外活动的基本要求，营造美丽的植物园林空间。

纽约市中央公园的秋景

将“自然引进城市”的公园

城市公园中古老的树木群

城市运动公园

利用太阳能、风能发电的理想家园

日本住宅附近合理配置的广场公园

加拿大温哥华植物花卉公园

北京植物园

2. 主题公园

随着经济文化的发展，不同年代、不同文化类型的需求使得公园的内涵发生了深刻的变化。公园的类别开始细化，出现了不同的类型，但这些公园存在着共性和个性。共性是都有一个户外的公共活动空间和植物绿地环境，个性则是公园在功能上有所不同，而主题公园是指有特定内容的公园。主题公园一般是以公园的主要功能和活动内容命名。概括起来有以下几个方面：

日本东京迪斯尼主题公园中的小世界

1）知识性为主的公园

常见的有植物园、动物园、海洋公园、生态公园等。动植物园是以动植物为主要内容的，并附有动植物知识的公园；海洋公园一般靠海边，内容含有海洋知识的公园。通过逛这类公园可以认识许多动植物，掌握一定的知识，对动植物生态等有一个很好的了解，促使人们爱护环境，保护自然生态资源。

有故事情景的主题公园

2）艺术性为主的公园

以艺术形式为主题的公园有：雕塑公园、碑林公园、奥林匹克雕塑公园、艺术博物馆园林等。雕塑公园是以多种雕塑形式汇集在一起的公园，有独立式雕塑、群组式雕塑、写实的雕塑、抽象的雕塑、电动雕塑，还有巨大雕塑等。它的内容十分丰富，造型独特有趣，风格千变万化，具有较高的艺术观赏价值，人们在观赏雕塑的同时，也接受着艺术的熏陶和心灵的感动。

日本箱根雕塑公园

3）故事性为主的游乐公园

根据众所周知的著名小说或童话故事来命名公园，以故事中的人物、情节等展开各种活动的游乐公园，如：迪斯尼乐园。活动内容比较丰富，有动有静，有惊有险，有紧张，有平和，有恐怖，有探险，有兴奋，让人们在游乐中感悟故事的各种情趣和情节，体验各种经历。

加拿大温哥华民族公园

4）风土人情的公园

是以地域文化风俗为主，传播一种乐趣和异国风情的乐园。其内容从建筑风格到整体色彩、游具造型都具有本国的民族风格。置身其中，游客可以体会和感受到浓厚的风土人情和传统风俗。此类乐园有：西班牙公园、丹麦公园、小世界公园、地球村公园等。

5）健身为主的公园

青少年公园、运动公园，是以运动为主的公园。内容一般有各种运动项目，篮球、足球、网球、游泳、自行车、爬山、蹦极等。因为本类公园是以健身为目的，所以与一般公园相比，运动项目集中而齐全，休憩的公共设施也是以人性化设计为基础精心打造的。

6）教育性为主的公园

交通公园、市民农园等。交通公园是以交通法规为基准，把城市街道缩小化后在公园中具体实施，让孩子们在小公园游玩中具体体验和掌握好车、人的交通知识，以及识别交通标志等法规知识，同时教育孩子们做一个遵纪守法的人。农业公园是以爱劳动、了解农业生产知识为目的的公园。这些公园对于现代的孩子有一定的教育意义，对现今的学习和生活都有着不可低估的作用。

7）纪念性为主的公园

纪念性公园一般指公园的内容，或人物、或地点具有重大历史意义，具有一定的教育意义和纪念意义。如南京中山陵，是纪念民主革命的先驱孙中山先生的陵园，记录了辛亥革命的历史篇章；雨花台是爱国英雄烈士牺牲的地方，是进行爱国主义教育的地方；总统府遗址刻写了民国政治文化，见证了解放南京的历史；莫愁湖公园讲述了古代民间能歌善舞的莫愁女的爱情故事。总之，纪念性主题公园充满了丰富的历史故事，对后人了解历史，弘扬正义，指导当今的工作生活以及对人生都有一定的教育意义。

3. 自然风景公园

所谓自然公园就是在地理位置上具有一定观赏价值的公园，一般是以地名命名的地方性公园。如：玄武湖公园、老山森林公园、狮子山公园等。这类公园都是以得天独厚的地理位置取胜从而建立起来的公园，因此它以独特的自然美景而具有一定的观赏价值。玄武湖公园以波光粼粼的自然湖泊为地理优势，紫金山衬托了玄武湖自然和美丽的景色；老山森林公园是以自然森林为依托，依山傍水，风景秀丽；狮子山公园是以面临长江的自然风光为优势，借山的自然清秀，登上山顶的望江楼，可看到长江的壮丽景观。总之，人们在不同的自然公园中能够领略到不同的大自然的美丽，引发人们更加关爱大自然，保护生态环境，提高环保意识，自觉维护地球的生态环境。

自然公园的建设原则是在不破坏原有自然特性的前提下，以利用、维护、发挥自然生态极致美为目的，提供人们最大的观赏度和进入自然环境的优势。因此公园内建筑及公共设施的建设都是以最大程度地方便人们观赏自然风景为前提，而不是人为地破坏大自然，随意添加建筑物。人工物要尽可能减少，让自然美景体现得淋漓尽致，使人们真正感受到在自然环抱中的美丽温馨。

人们喜爱融入自然，欧洲夏天海浴场

自然公园的小溪湿地保持了水流的清澈透明

在美丽的自然公园中漂流观光

在自然公园中可以观赏到野生动物

Chapter

第九章 风景园林的设计程序

风景园林的设计程序指的是风景园林设计的一般流程。它具有一定的代表性，可以提供一定的参考，但不能完全死板地照搬硬套。风景园林设计是具有针对性的设计，它受环境的限制和影响而具有当地环境的特点，因此设计前的现场调研至关重要。另外，风景园林设计和设计主题、内容、风格、目的等有着直接的关联，设计的要求不一样，设计的结果也完全不一样。但无论设计什么样的风景园林，必须遵守的设计基本原则是一致的，即坚持自然性原则、人性化原则、安全性原则。这三大原则是风景园林设计的基本原则，具有普遍意义。它是保证风景园林为大众服务的前提，也强调了风景园林设计的本质是以提供自然、优美、安全、人性化的环境为目的的设计。因此，这是每个园林设计师应该自觉遵守的基本原则。

第一节 风景园林设计原则

1. 自然性原则

公园设计最基本的是打造自然绿地占有一定面积的环境，实现自然环境要依靠设计的自然性原则。自然环境是以植物绿地、自然山水、自然地理位置为主要特征，但也包含人工仿自然而造的景观，如：人工湖、山坡、瀑布流水、小树林等等。人工景色的打造尤其需要与自然贴近，与自然融合。

遵守自然性原则首先要对开发公园的现场做合理的规划，尽可能保留原有的自然地形与地貌，保护自然生态环境，减少人为的破坏行为。对自然现状加以梳理、整合，通过锦上添花的处理，让自然显现得更加美丽。

遵守自然性原则要处理好自然与人工的和谐问题。比如在一些不协调的环境进行植物遮挡处理；生硬的人工物体周围可以用栽植自然植物的方法减弱和衬托，尽可能使环境柔和，让公园体现出独特的自然性。

同时，尽可能用与自然环境相和谐的材料，如：木材、竹材、石材、沙砾、鹅卵石等，这样可以使公园环境更加自然化。

2. 人性化原则

公园环境是公共游乐环境，是面向广大市民开放的，是提供给广大市民使用的公共空间环境。公园内的便利服务设施有：标志、路牌、路灯、座椅、饮水器、垃圾箱、公厕等，必须根据实地情况，遵循“以人为本”的设计原则，合理化配置。

人性化的设计可以体现在方方面面，应处处围绕不同人群的使用进行思考和设计，让使用者处处感到设计的温馨，体验到设计者对他们无微不至的关爱，使人性化设计落实到每一个细小之处。比如，露天座椅配置在落叶树下，冬天光照好，夏天可以遮阳。再如，步道两侧是否有树阴；设计中的台阶高度、坡度以及路面的平滑程度等等。

为攀登而修建的木栈道

3.安全性原则

公园环境的公共性意味着这是一处供众多人群使用的环境，所以安全问题很重要。公共设施的结构、制作是否科学合理，使用材料是否安全等都是设计师应该注意的，特别是大型游具、运动器材的安装是否牢固，应定期检查更换消耗磨损的零件，严格遵守安全设计规则，避免造成事故。再如车道与步道的合理布局；湖边或深水处考虑设置警告提示牌或安装护栏等，避免一切可能发生的危险。植物栽植时要避开栽有毒植物，如夹竹桃等。儿童游乐场的地面铺装是否安全，游戏器材的周边有无安全设置等都需要仔细设计和思考，把事故降低到零的设计才是落实安全性原则的根本。

为安全穿越山而修建的护栏浮悬桥

第二节 风景园林设计步骤

风景园林设计是一个大概念设计，不同类型的园林设计有所不同，这里对园林的一般性设计程序作一个简单的介绍，仅作参考。

无论设计什么类型的园林，只要做到：设计目的明确，功能要求清楚，设计科学合理，那么我们的设计就可以避免盲目性，减少不必要的损失，设计才能完美地实现。一般设计程序大致有以下内容。

自然公园中也需要与环境相匹配的座椅

1. 任务书阶段

接纳任何项目都需要由委托方出面来提出设计要求。明确其对设计的要求、目标以及造价、时间期限等。对方的要求和愿望是决定设计的依据和标准，但在委托方并不清楚一些专业知识的情况下，作为设计师可以根据对方的要求提出一些合理化的建议，一同商讨交流，统一设计思想，确定设计目标和设计理念。

根据游客数量提供相对应的休憩场所和公共设施

2. 调查收集资料

根据项目内容确定调查内容，收集有关设计资料。设计前的调查十分重要，它是我们设计的依据，设计中要不停地考虑到调查中的一些关键设计因素。一般调查主要有以下内容：

（1）实地调查：包括地势环境、自然环境、植物环境、建筑环境、周边环境等，对现场哪些是该保留的部分，

哪些是该遮挡的部分等进行初步认定和大致设想。同时进行测量、拍照、做现场草图等关键记录。

（2）收集资料，明确目标：了解地方特色、传统文脉、地方文化、历史资料等，对综合资料信息有个明确的认知。

（3）根据调查，分析策划：在资料收集后进行各种分析，有了一定的构想设想后，编制策划一套规划任务书，以 PPT 的方式再次与委托方交流磋商，再次求得共识之后确定设计理念和目标，确定主题的具体内容。

3. 构思构图概念性设计

设计目标确定后在调查的基础上开始整体规划，在项目内容的总平面图上对面积空间初步进行合理化的布局和划分，构画草图设计第一稿。

（1）功能区域的规划分析图：包括公园内功能区域的合理划分和大致分布，整体规划设计草图。围绕公园内的主题，对中心活动区域、休息区域、观赏区域、花园绿地、山石水景、车道步道等进行大致规划设计。然后在大的规划图中分别作不同种类的分析图，如功能区域分析图、道路分析图、视点分析图、景观节点分析图等，同时还可调整大规划图的不足。

（2）景观建筑分布规划图：包括桥、廊、亭、架等的面积、大小、位置的平面布局。构画平面的同时，设计出大体建筑造型式样草图（效果图或立面图）。

（3）植物绿地的配置图：凡公园都少不了植物绿地，植物绿地的面积划分、布局以及关键处的植物类型的指定，在规划时都要大致有个整体配置草图，可以体现植物绿地面积在公园中所占比例，突出自然风景。

（4）设计说明：设计说明一般是在设计理念确定后，在调查分析的基础上撰写设计思考，设计中解决的诸多问题及设计过程，这都是写设计说明的内容。设计说明不是说大话，说漂亮话，而是实实在在写解决问题的巧妙方法，写如何体现方案的优越性，充分亮出设计中的精彩之处。要写出设计的科学规划与合情合理的设计布局，总结设计构思、创意、表现过程，突出公园设计主题以及功能等要素，阐明公园设计的必要性。

4. 设计制作正式图纸

总规划方案基本通过和认可后，进行方案的修改、细化和深入设计。

（1）总规划图的细化设计

总规划图一般是大概念图，具体还需要分解成几块来细化完成。一般图纸比例尺在 1:100、1:200 以下制图为宜，比例尺太大无法细化。图纸是表达设计意图的基本方式，因此，图纸的准确性是实现设计的唯一途径，细化图纸是在严格的尺寸下进行的，否则设计方案无法得以实现。

（2）局部图的具体设计

分块的平面图不能完全表现设计意图时，往往需要画局部详细图加以说明。局部详细图是在原图纸中再次局部放大进行制作的，目的是更加清晰明了地表现设计中的细小部分。

（3）立面图、剖面图、效果图的制作与设计

平面图只能表现设计的平面布局，而公园设计是在三维空间的设计，长、宽、高以及深度的尺寸必须靠正投影的方式画出不同角度的正视、左右侧视、后视的立面图。

设计中有时需要对一些特殊的情况要加以说明，因此剖面图也是经常要制作的。比如：高低层面不同、阶层材质不同、上下层关系、植物高低层面的配置等都需要借助剖立面图来表达和说明。而效果图则是表现立体空间的透视效果，根据设计者的设计意图选择透视角度。如果想表现实地观看的视觉感，则以人的视角高度用一点透视来画效果图，其效果图因视角范围较小，表现的视角内的景物很有限。如果想表现较大、较完整的设计场面，一般采用鸟瞰透视的效果图画法。这要根据设计者的具体设计意图来决定。

（4）材料使用一览表

设计中选用材料也是需要精心考虑的。使用不同的材料，实际效果也会完全不一样，但无论用什么材料都必须有一个统计，需要有一个明细表，也就是材料使用一览表。在有预算的情况下还必须考虑到使用材料的价格问题，合理地使用经费。

使用材料一览表一般要与平面图纸配套，平面图上的图形符号与表中图形符号相一致，这样可以清晰地看到符号代表哪些材料及其使用情况，统计使用的材料可通过

一览表的内容作预算。材料使用一览表可以分类制作，如：植物使用一览表、园林材料使用一览表、公共设施使用一览表等。也可混合制作在一起。

（5）透视效果图

效果图是表现设计方案实现的三维空间的透视效果。它可以表现环境空间的广度与深度以及空间、时间的关系，可以预测各种物体在可视空间中的丰富画面，如环境、形态、光影、反射、明暗调子、色彩等。设计透视效果图是直接观赏设计的最终预测效果，因此是方案设计中不可缺少的图形。现在用电脑软件制作立体空间的设计方案越来越方便，用三维软件塑造立体空间，画面如同拍摄的相片一样，非常直观。画面视角可以自由翻转，任意选择，设计者可以找到自己最满意的角度作为设计的最终效果图。为设计的预测效果带来了与真实很接近的画面，容易被大多数人接受和采纳。手绘透视效果图一般常用一点透视和两点透视画法。

5. 设计制作施工图纸

设计正式方案通过，一旦确定施工，图纸一般要做放样处理，变为施工图纸。施工图纸的功能就是让设计方案得到具体实施。

（1）放样设计

图纸放样一般用 3m × 3m 或 5m × 5m 的方格进行放样。可根据实际情况来定，根据图形和实地面积的复杂与简单来定方格大小位置。有的小面积设计，参照物又很明确的则无需打格放样，有尺寸图就行。放样设计没有固定标准格式，主要以便于指导施工现场定点放样为准，方便施工就行。

（2）施工图纸的具体化设计

施工图内容包括很多，如：河床、小溪、阶梯、花坛、墙体、桥体、道路铺装等制作方法；还有公共设施的安装基础图样；植物的栽植要求等。

（3）公共设施配置图

在调查的基础上合理预测使用人数，配备合理的公共设施是人性化设计的具体体现，如垃圾箱放置在什么地方利用率高，使用方便；路灯高度与灯距设置多长才是最经济、最实用的距离。这都是围绕人使用方便的角度去考虑的，不是随意配置。胡乱地配置是一种浪费而不负责的行为，我们应该尊重客观事实合理配置，配置位置按照实际比例画在平面图上。

公共设施不一定是设计师本人设计，可以从各厂家的样本材料中进行挑选。选择样品时要注意与设计的公园环境的统一性，切忌同一种功能设施却选用了各种各样的造型设施。比如：选择垃圾箱，选了各种各样的造型，放置在一个公园内，则会感到垃圾箱造型在公园中大汇集，这样杂乱的选择会严重破坏环境的整体感，一定要注意避免。

选用的样品必须在公共设施配置图后附上，并在平面图上用统一符号表示清楚。这样公共设施配置图就一目了然了，什么样的产品设置在哪儿，施工的位置就很明确。

第三节 主题公园设计案例（学生作业选页）

方案设计作者：陈慧珠、任静、王曦

现状分析

我们研究的地块位于南京市石头城居住区，这是一个居住区休闲活动公园。公园南北两侧皆为住宅区，西面与水木秦淮相邻，东面则为小区街道。

该公园为开放性公园，白天来此光顾的多为老人和儿童，公园中大部分场地摆放了健身设施。只有较小的区域放置了简单的儿童游乐设施——沙池和滑梯。夜晚，因为光线较为稀少，所以很少会收到居民的青睐。虽热该公元为老年人和儿童设计，但我们并没有看到设计师针对儿童的设计，空间的趣味性和创造性缺反思。

区域优势：

- 区域内有多种植物与健身器材，可适当保留。
- 可以借助区域内的微地形进行新设计。
- 区域内主要路网结构合理可利用。

区域劣势：

- 区域内空间结构单一，缺乏趣味性。
- 区域内儿童游乐设施及场地缺失。
- 该区域夜晚灯光照明缺失。

涉及重点：

- 应根据不同年龄段儿童的特点，设计不同的游乐场地及设施。
- 空间的趣味性及各空间之间的合理安排和自然的过渡。

2. 概念提出

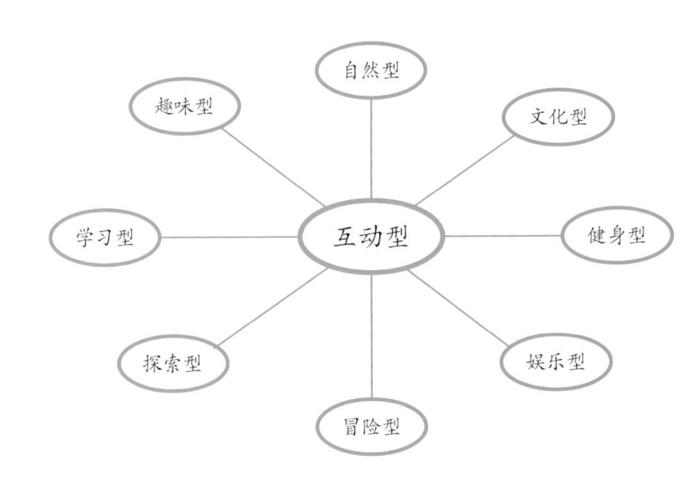

设计概念泡泡图

我们提出了一个互动的设计概念，接着围绕着这个总设计概念，推演除了我们的设计构想的框架，总结出了需要设计的项目内容。根据我们的设计概念，我们希望我们的场地设计可以满足不同年龄层次的儿童，活动内容丰富多彩，每块场地具有各自鲜明的主题，尽量使儿童们在场地内发挥自己丰富的想象力与动手能力，进行互动型的游戏，我们将场地内的水系进行串联，接着对现有进入景区的道路进行分析，最终确立了三个主要出入口的设计位置。然后根据不同的地理位置和特点，设计不同风格的活动场地。

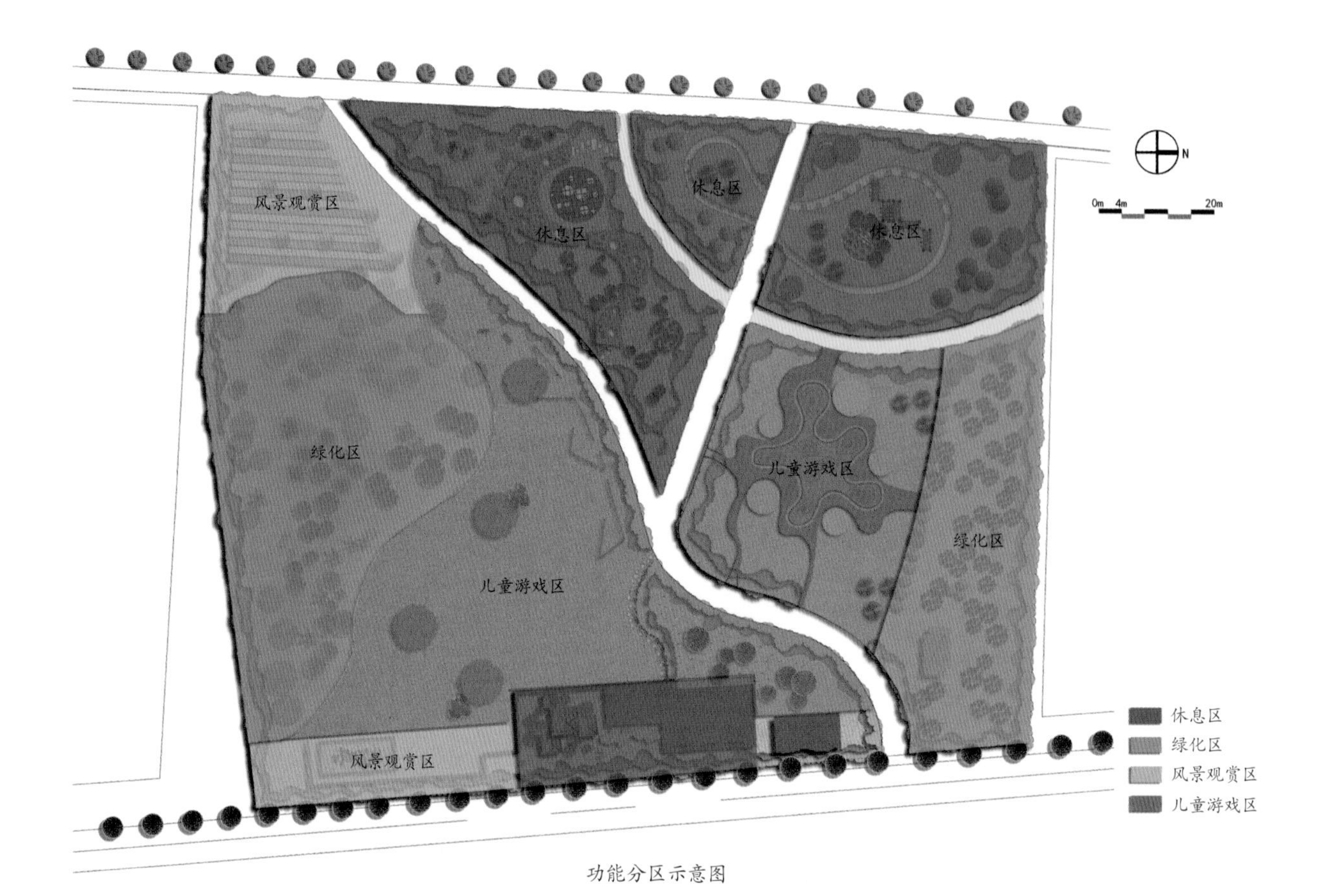

功能分区示意图

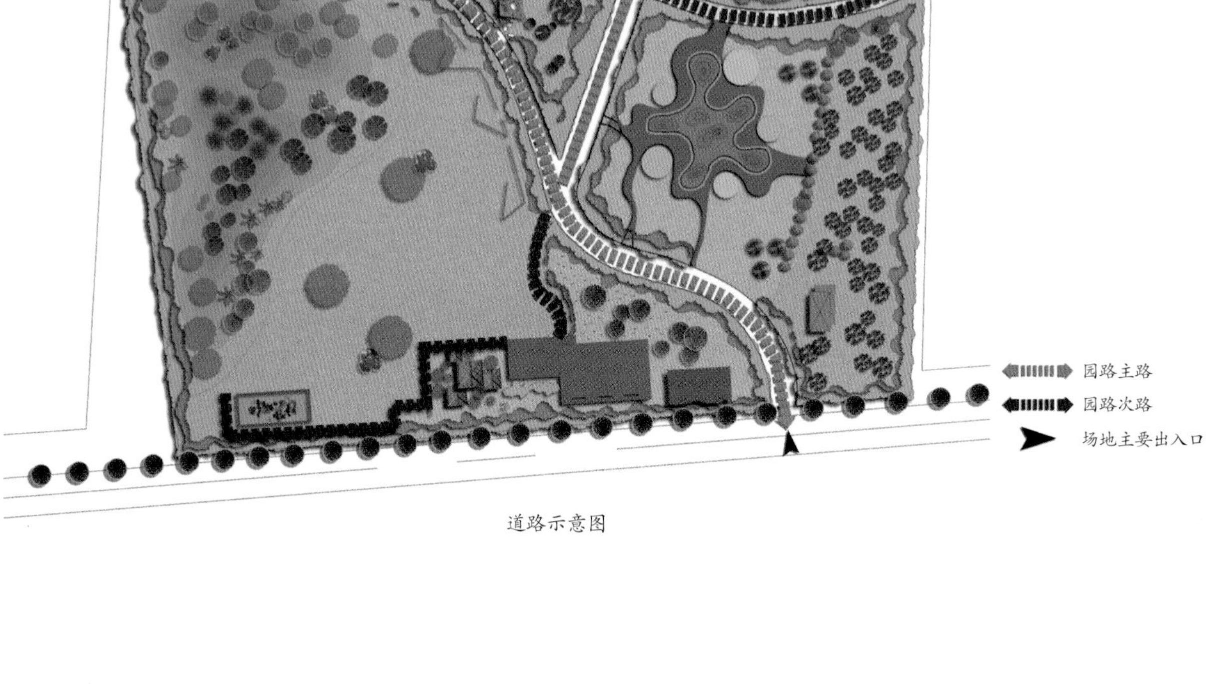

N

0m 4m 20m

园路主路

园路次路

场地主要出入口

道路示意图

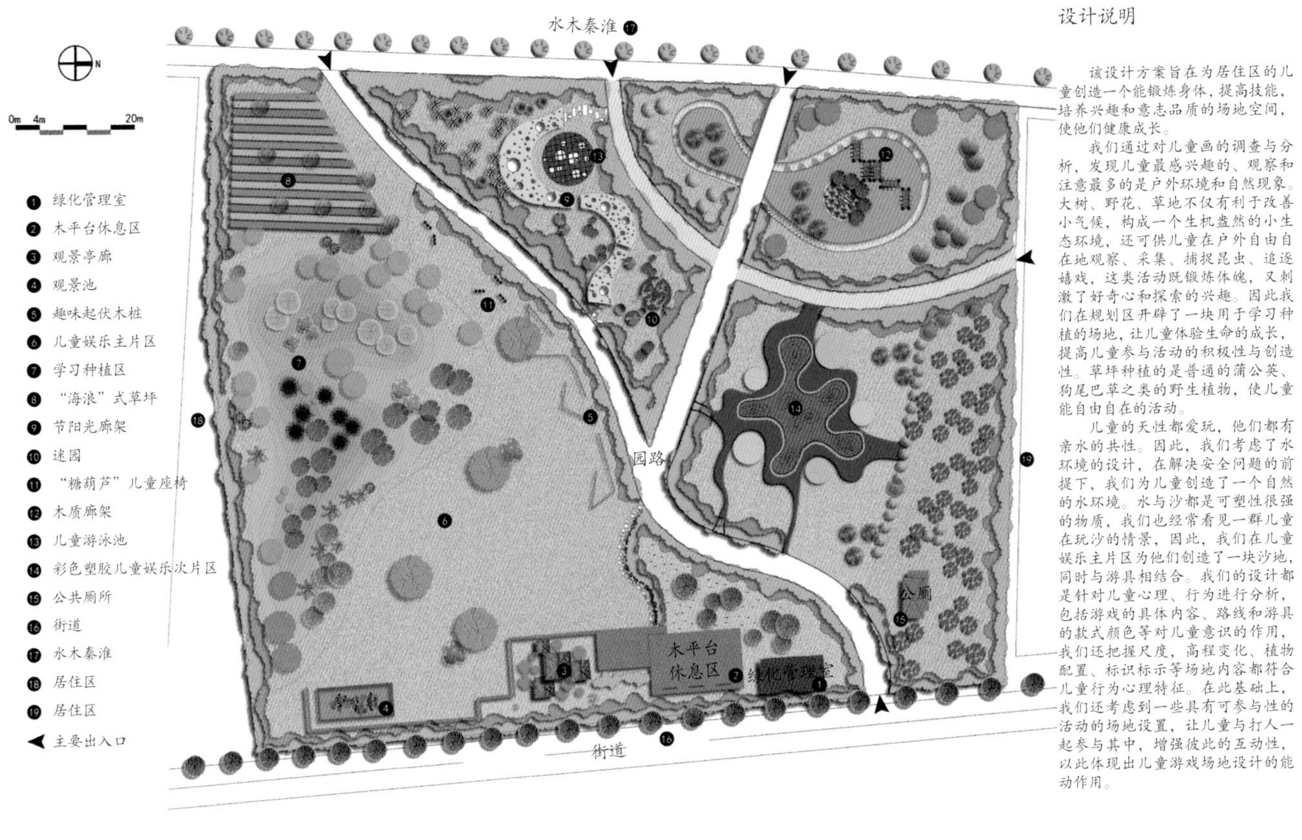

设计说明

该设计方案旨在为居住区的儿童创造一个能锻炼身体，提高技能，培养兴趣和意志品质的场地空间，使他们健康成长。

我们通过对儿童画的调查与分析，发现儿童最感兴趣的、观察和注意最多的是户外环境和自然现象。大树、野花、草地不仅有利于改善小气候，构成一个生机盎然的小生态环境，还可供儿童在户外自由自在地观察、采集、捕捉昆虫、追逐嬉戏，这类活动既锻炼体魄，又刺激了好奇心和探索的兴趣。因此我们在规划区开辟了一块用于学习种植的场地，让儿童体验生命的成长，提高儿童参与活动的积极性与创造性。草坪种植的是普通的蒲公英、狗尾巴草之类的野生植物，使儿童能自由自在的活动。

儿童的天性都爱玩，他们都有亲水的共性。因此，我们考虑了水环境的设计，在解决安全问题的前提下，我们为儿童创造了一个自然的水环境。水与沙都是可塑性很强的物质，我们也经常看见一群儿童在玩沙的情景，因此，我们在儿童娱乐主片区为他们创造了一块沙地，同时与游具相结合。我们的设计都是针对儿童心理、行为进行分析，包括游戏的具体内容、路线和游具的款式颜色等对儿童意识的作用，我们还把握尺度，高程变化、植物配置、标识标示等场地内容都符合儿童行为心理特征。在此基础上，我们还考虑到一些具有可参与性的活动的场地设置，让儿童与打人一起参与其中，增强彼此的互动性，以此体现出儿童游戏场地设计的能动作用。

总平面图

材料配置一览表

符号	名称	规格尺寸（m）			数量	单位	备注	符号	名称	规格尺寸（m）			数量	单位	备注
		H	C	W						H	C	W			
	国　槐	15.0	0.62	7.0	1	棵	三角支架		淡　竹	12.0	0.46	4.0	785	平方米	
	银　杏	13.0	0.69	6.0	5	棵	三角支架								
	香　樟	7.0	0.32	3.5	16	棵	三角支架		深色绿篱		幼　苗		863	平方米	
	红　楠	10.0	0.51	4.8	27	棵	三角支架		绿　篱		幼　苗		930	平方米	
	桂　花	6.0	0.22	3.0	9	棵	三角支架		麦　冬		幼　苗		380	平方米	
	碧　桃	6.0	0.26	2.7	7	棵	三角支架		草　坪		幼　苗		6560	平方米	
	合　欢	8.0	0.43	4.3	33	棵			沿阶草		幼　苗		337	平方米	
	四照花	5.0	0.21	2.5	41	棵	三角支架								
	银荆树	10.0	0.54	5.3	6	棵	三角支架		睡　莲				33	平方米	
	日本五针松	4.0	0.78	2.3	2	棵	二角支架								
	红叶羽毛枫	2.0	0.61	1.8	18	棵			景观灯				68	盏	
									地　灯				45	盏	
	紫叶李	1.3		0.4	7	株			照明灯				30	盏	
	小叶黄扬	0.5		0.6	20	株			水　面				49	平方米	
	云南黄馨	1.5		0.6	7	株	二角支架		卵石——自由组砌				300	平方米	
	花柏球	1.2		0.5	6	株			砂				444	平方米	
	连　翘	1.2		0.5	9	株			天然石材				46	平方米	
	夹竹桃	4.0		2.1	7	株			木　材				320	平方米	

主要景观节点分布图

“起伏海浪”式草坪效果图

节点效果图一

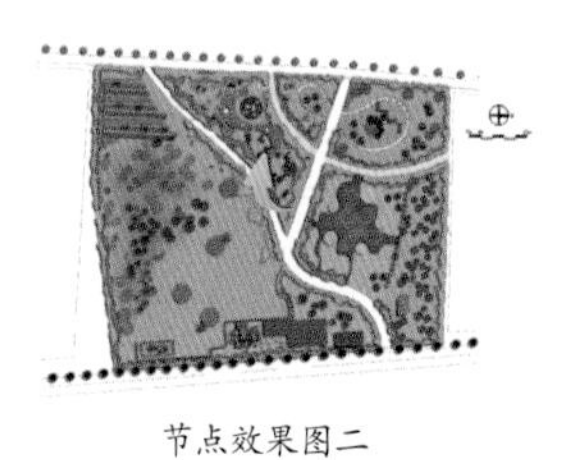

节点效果图二

“S”形长廊效果图

节点效果图

彩色塑胶儿童娱乐区效果图

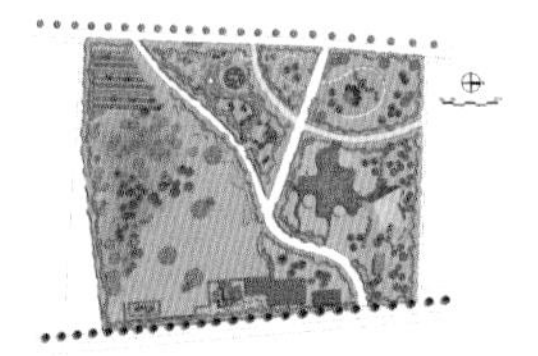
节点效果图三

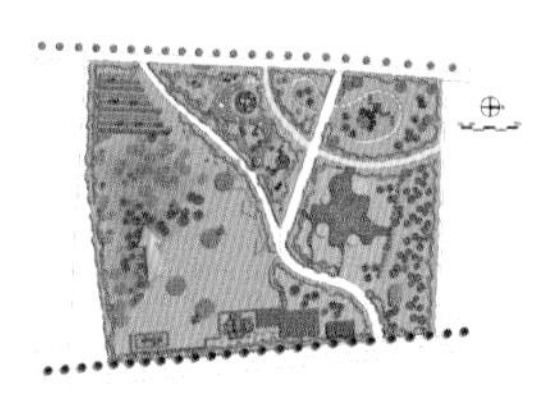
节点效果图四

学习种植区效果图

节点效果图

儿童娱乐主片区效果图

节点效果图十一

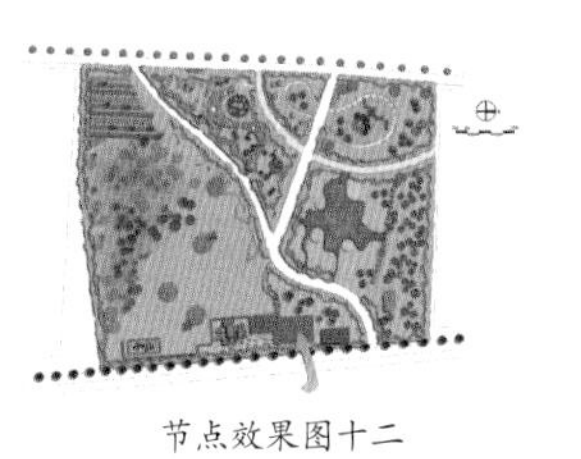
节点效果图十二

观景平台效果图

节点效果图

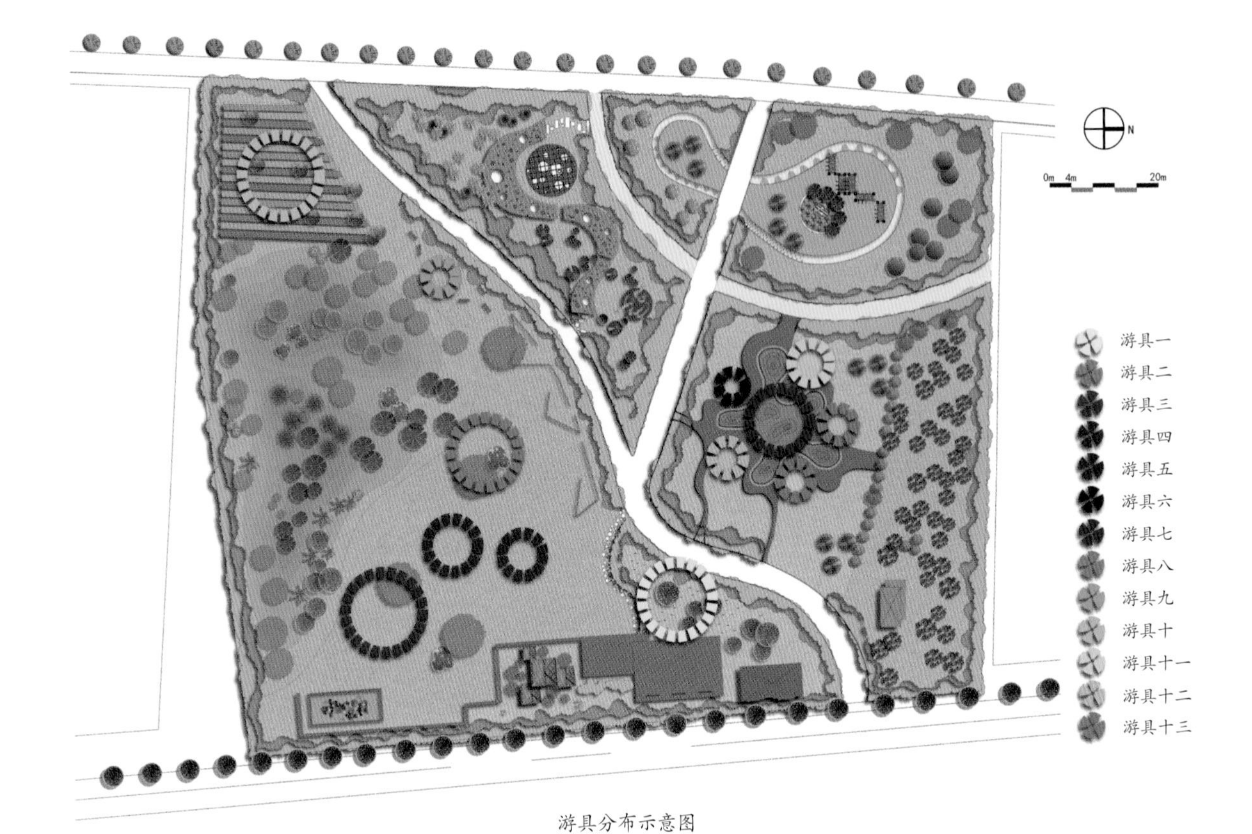

游具分布示意图

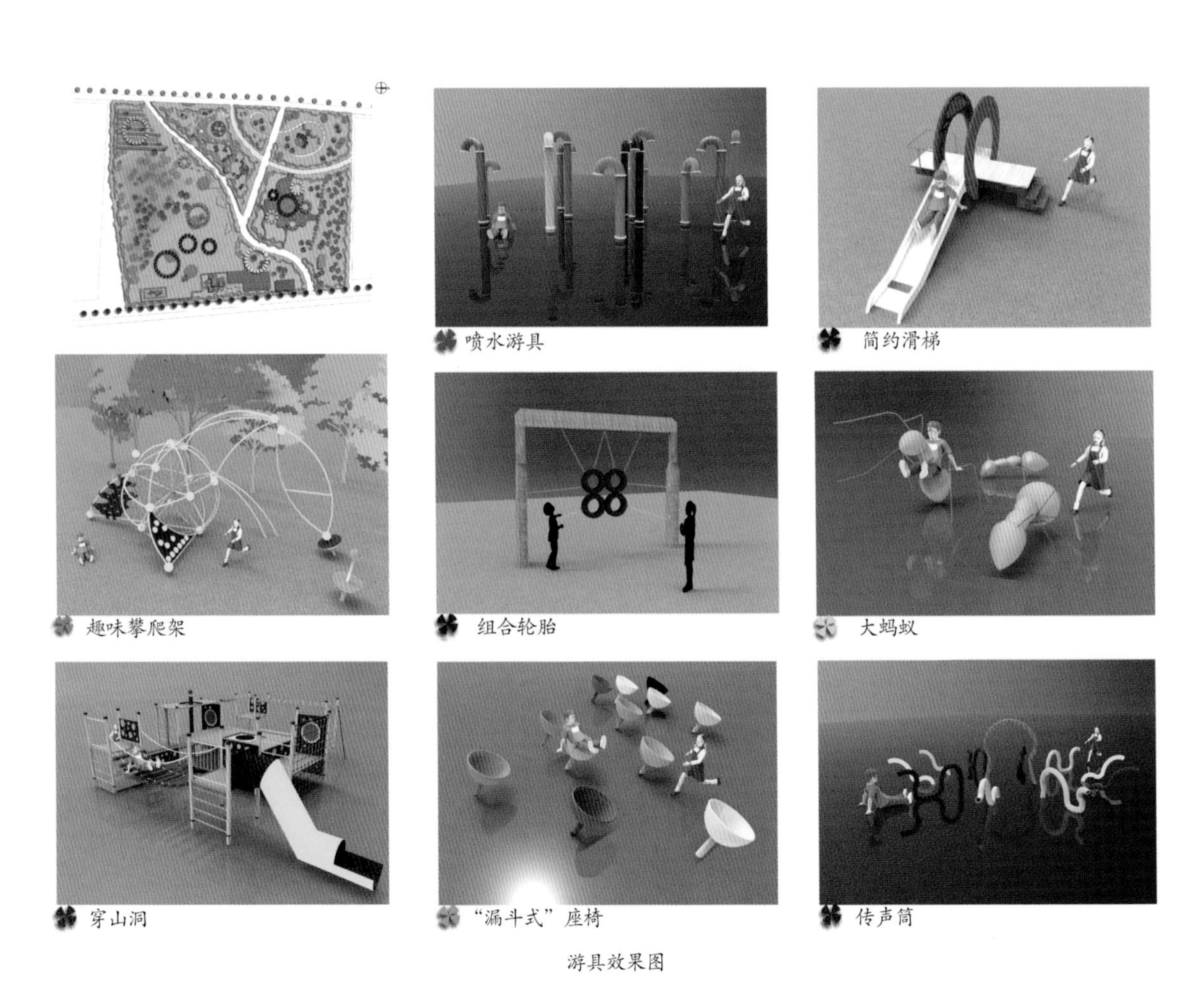

游具效果图

硬质铺装示意图

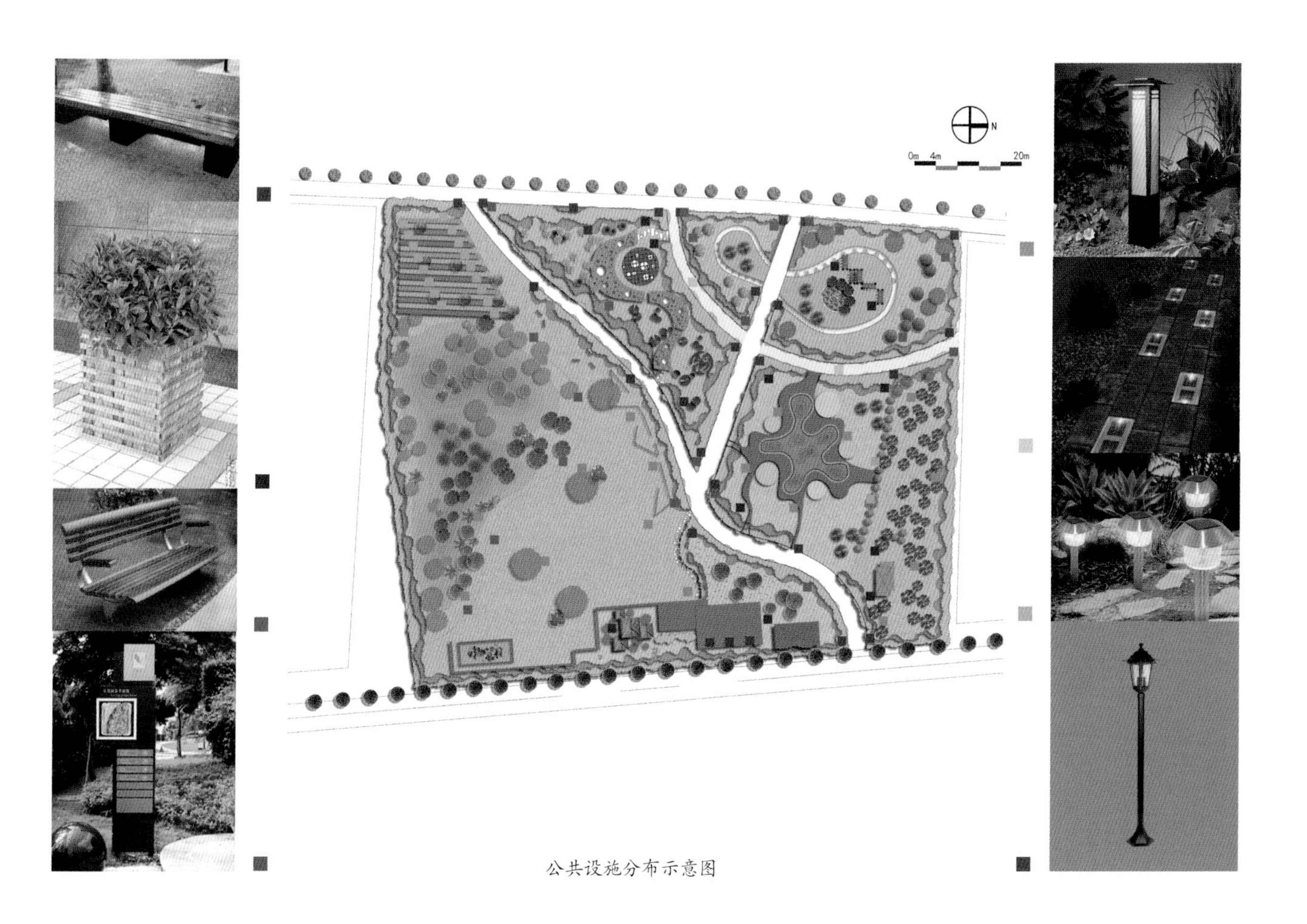

公共设施分布示意图

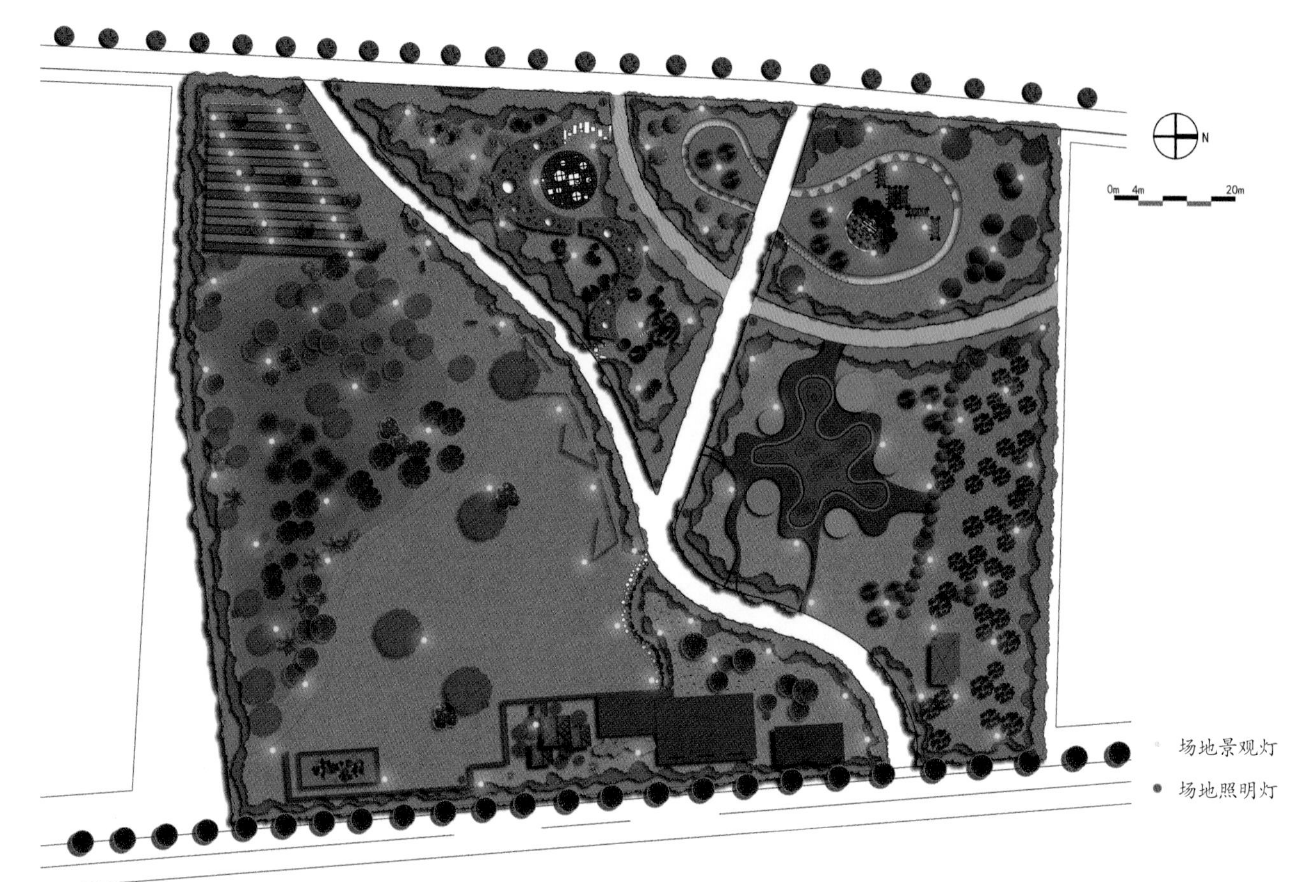

灯光分布图

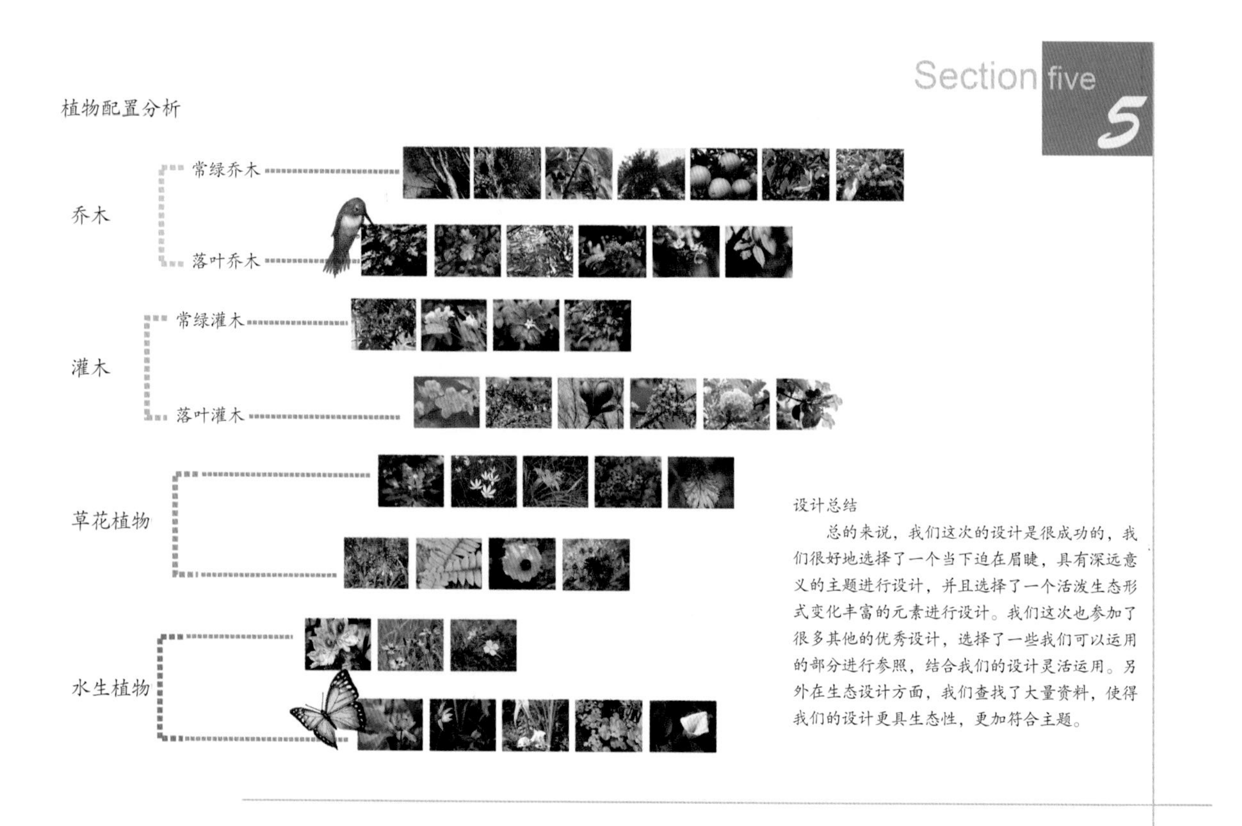

设计总结

总的来说，我们这次的设计是很成功的，我们很好地选择了一个当下迫在眉睫，具有深远意义的主题进行设计，并且选择了一个活泼生态形式变化丰富的元素进行设计。我们这次也参加了很多其他的优秀设计，选择了一些我们可以运用的部分进行参照，结合我们的设计灵活运用。另外在生态设计方面，我们查找了大量资料，使得我们的设计更具生态性，更加符合主题。

第四节 设计实践

公共园林与私家园林设计有所不同，公共园林的特点是开放性和公共性，是为大众服务的园林。因此从实用的、人性化的、审美的、休闲的等各个角度去思考设计是必须的。下面是一个新建的茶艺历史博物馆园林设计，有色彩的部分都是要设计的部分。内容包括了前庭、中庭、观赏小庭还有建筑外的东、南、西面园林。以下是设计思考和要求。

1. 中庭：橘黄色博物馆入口是休憩由四面有台阶的中庭，功能是休息区域，满足参观博物馆后的人们在这稍作休息的要求。以硬地铺装为主，能够与四面台阶连接，植物配置为辅，要求配有公共设施座椅及垃圾箱。因中庭的阳光有限，园内配置的植物要考虑耐阴的植物。设计定位为观赏和实用的小园林环境。

2. 小庭：中黄色四方形位置是三面玻璃围合的微型园，它像一幅立体画一样，提供给人们观赏。因此是纯观赏型的小景。设计元素简洁，造型美观为宜。

3. 前庭：前庭是进入茶社的右侧以观赏为主的园林。不建议设置硬地太多，在入口处尽可能让人们观赏到自然美景，可以吸引人们进入美景环境的兴趣。如果前庭里停留的人很多，会破坏前庭的风景，观赏起来会有杂乱之感。

4. 东园、南园、西园 ：可以在这范围内分出不同区域进行主次园林配景。一般在墙角处配置较高的乔木，可加强园林的空间感。可以考虑小桥流水、堆土为山、潺潺小溪、植物景、茶叶园、弯曲的散步小道、花木群、花境地带、枯山水等，发挥各自的想象力造景。整体园林的东园以静观为主，南面与西面园林以动观为主，在游走中步移景异。

5. 露天茶座园林：要求环境优雅安静，花木树荫下喝茶，能边喝茶边观赏到自然风景。

设计图纸：

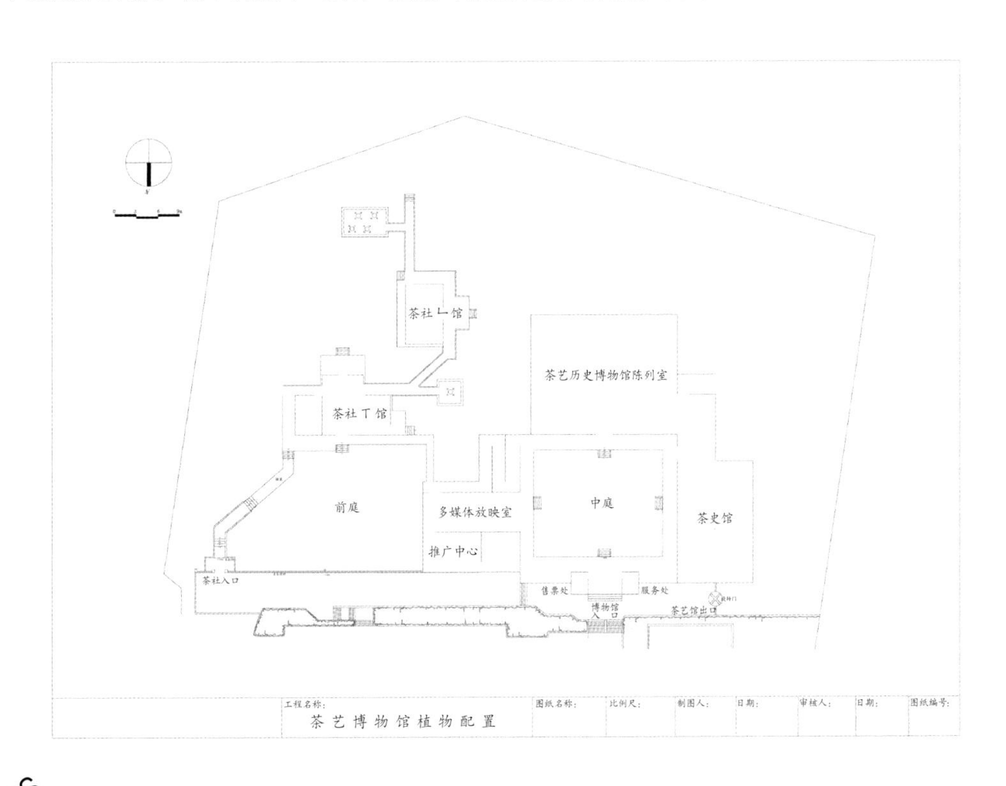

EXERCISES

作业题五

1. 做茶艺历史博物馆规划设计（包括中庭、小品园、前庭与东园、南园、西园），配有植物配置一览表。并写出设计说明。

2. 画出总平面规划图、道路分析图、铺装分布图、景观视点分析图、2 ~ 3 张节点效果图。均要上色，手绘、电脑均可。

园林设计范围图示：

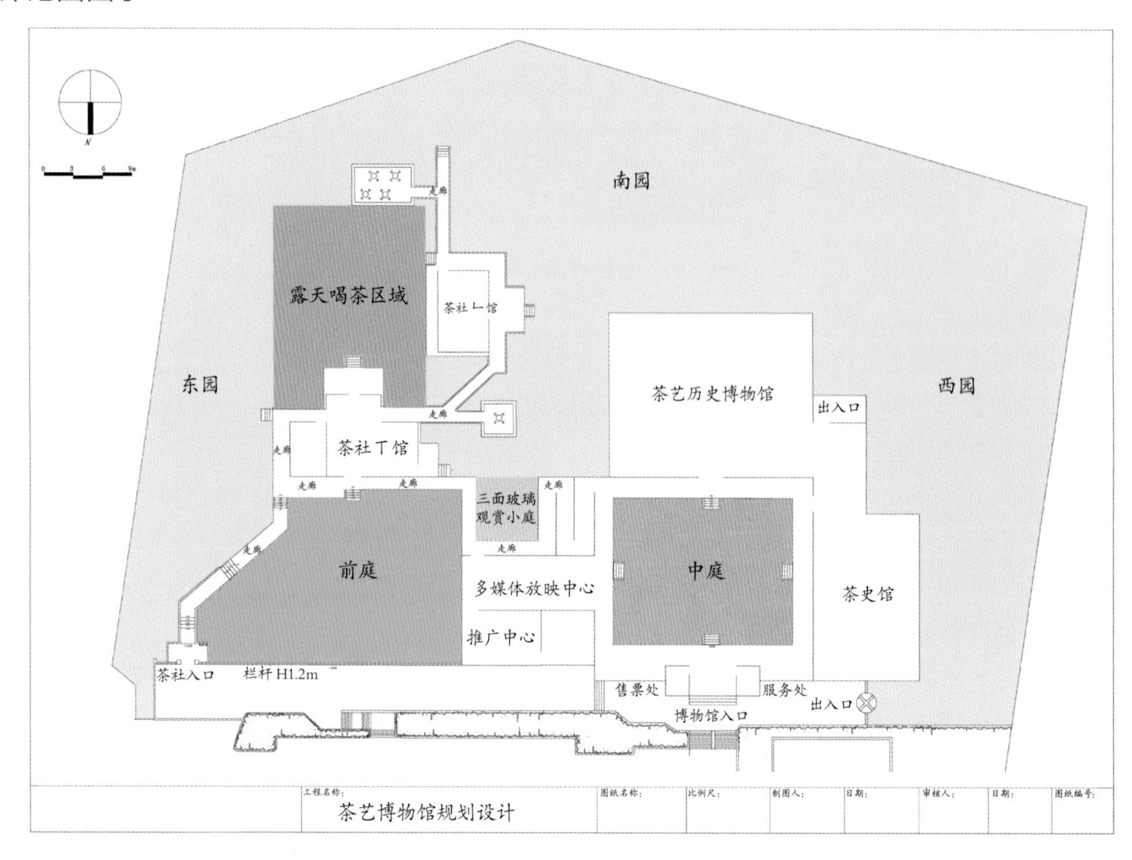

设计步骤及设计提示：

1）画草图，大致框出园林的主次景范围及功能区域，要考虑从不同角度的观赏视点去组景；

2）勾画园林中的主次路线，与不同的功能区域、风景区连接贯通。

3）对园林的几个角落，着手布局较高的乔木，以此增加园林空间感。乔木下是不同种类的灌木群，园林的墙根需要小乔木和灌木群遮掩，使得园林充满植物的生气，减弱墙壁的生硬之感。

4）将自己放入布局的道路上，走走停停，设定观景视角、布设路边风景，做到步移景异，调整之前粗框的路线图。将主次路的宽度确定后按实际尺寸画出全园的大小路径。

5）设想不同喝茶位置的观景角度，考虑如何组景和配景，调整大致布局后再深化设计。

6）前庭的设计是进茶社消费的必经花园，是体现茶社的文化艺术品位的静观园林，因此美的造景形式十分重要。首先要确定风格，是古典风格还是现代风格，是简约朴实还是自然美丽，需要各自思考确定，只有美的风景园林形态才能打动人。

7）中庭是进博物馆的通道，美观的第一印象很重要，既是顾客的停留地带，也是观赏中休憩的小环境，因此设计依然要考虑中庭的铺装与四面的台阶自然衔接，还要考虑从台阶上看中庭与走进中庭的不同观赏进行巧妙处理。

8）图中的中黄色块部分是小品园，在室内作为一幅立体画设计，一块石头、几棵灌木和一棵小乔木就可以组合成一幅如画的小景。面积有限，要考虑用极简的方法设计四周是围合的透明玻璃，视点是室内三面室外一面。

设计注意点：

1）靠建筑墙根处不宜栽植成树巨大的树木，树根会对建筑根基有侵害。

2）河床水景之类也不要靠近建筑，以防潮湿对茶艺博物馆内收藏的物品有所损害。

3）为保护建筑根基，一般建筑物的墙根部分为500mm高的水泥平台，遮挡这段护墙水泥平台布局植物为佳。

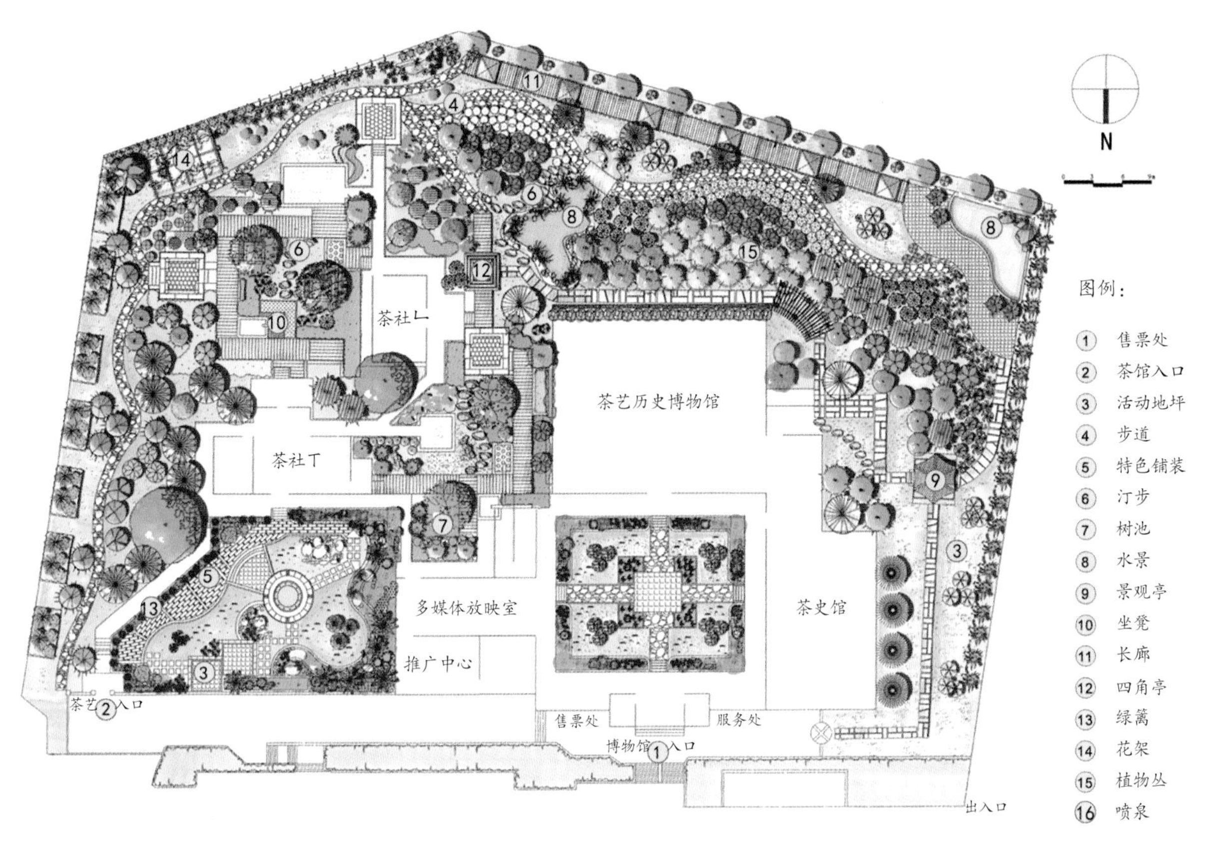

茶艺馆总平面图

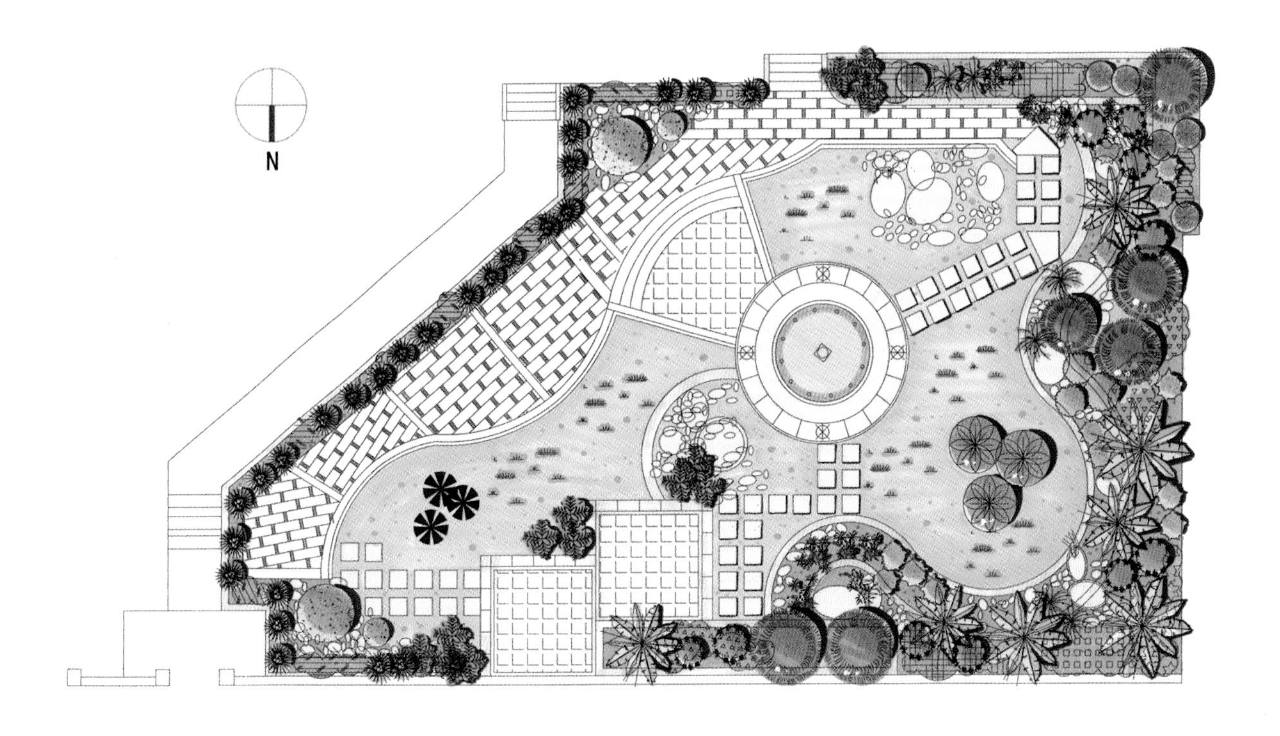

茶艺馆前庭平面图 1:100

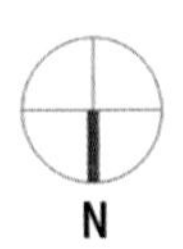

设计说明：

此方案为一套中式茶楼设计，设计风格主要以中式名族风格为主，茶楼保留了明清风格。设计中主要以植物造景为主，绿地中配置高大乔木，茂密的灌木，营造出令人心旷神怡的环境。最大限度提高绿视率，体现自然生态。并且，根据各区域的不同位置及使用功能的差异，在植物选择上侧重郁郁葱葱的竹林、生长茂盛的香樟和充满收获希望的银杏，搭配以黄色的金叶女贞小灌木色块，形成立体感强、层次丰富的植物组景。综合运用园林植物，因地制宜地配置四季富有季相色彩的各种乔木、灌木、花卉、草坪，使人回归自然、亲近自然。

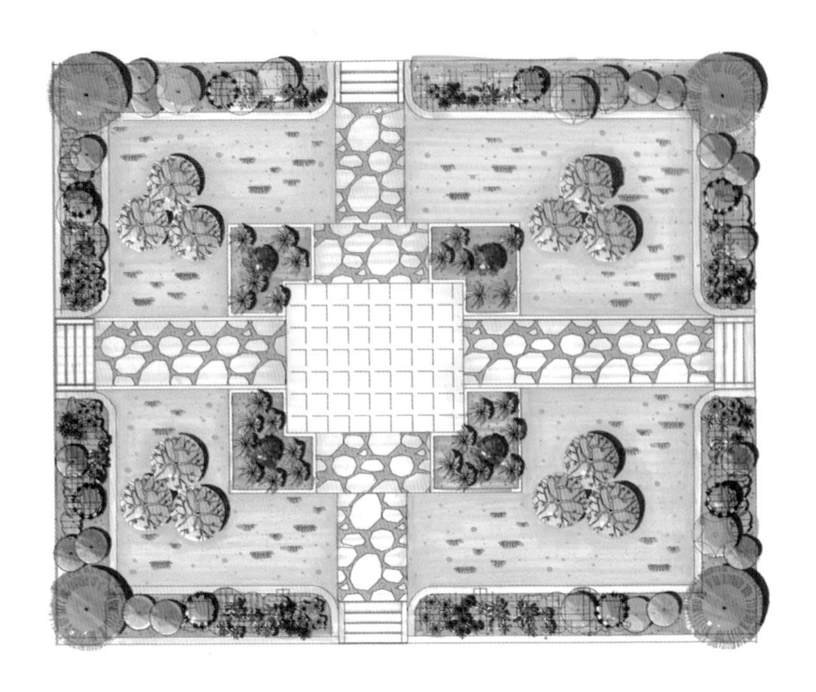

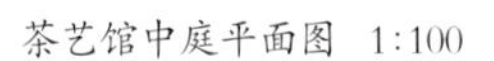

茶艺馆中庭平面图 1:100

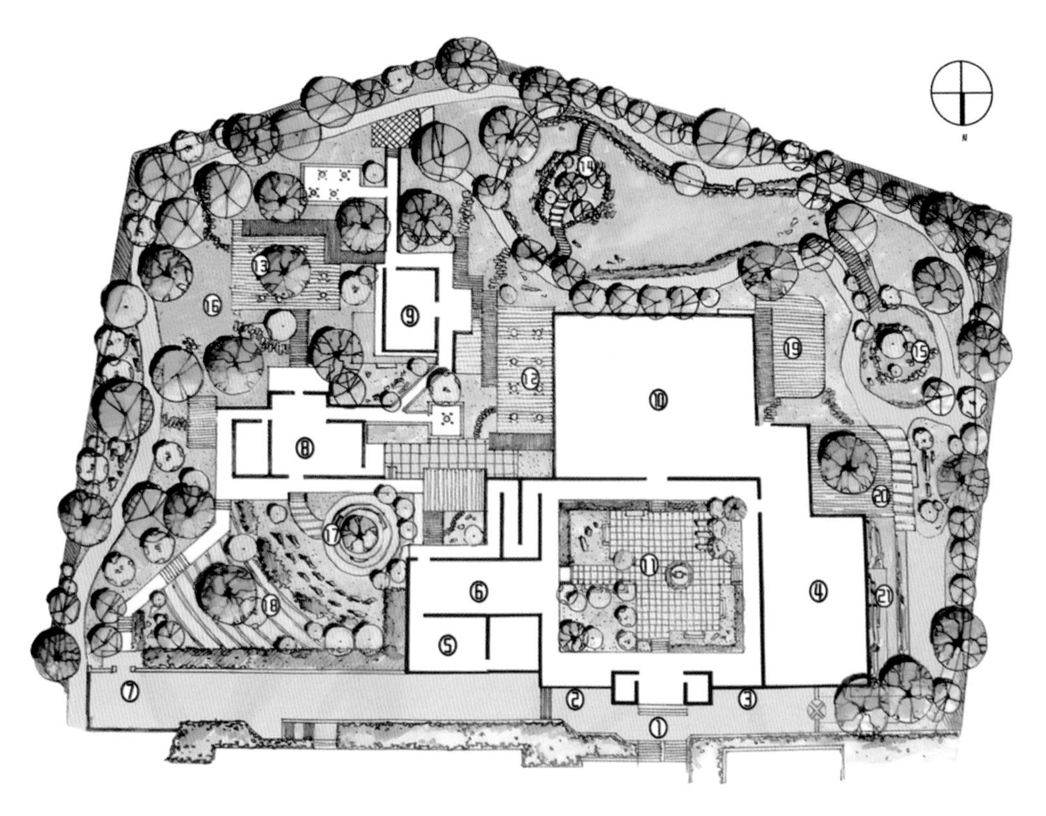

①博物馆入口
②售票处
③服务处
④茶史馆
⑤推广中心
⑥多媒体放映室
⑦茶艺馆入口
⑧茶艺 丁 馆
⑨茶艺 ㄥ 馆
⑩茶事馆
⑪博物馆中庭
⑫茗茶平台 丁
⑬茗茶平台 ㄥ
⑭小岛 1
⑮小岛 2
⑯开阔草坪
⑰广场 1
⑱广场 2
⑲休闲木平台 1
⑳休闲木平台 2
㉑景观水景

平面分析图 1:250

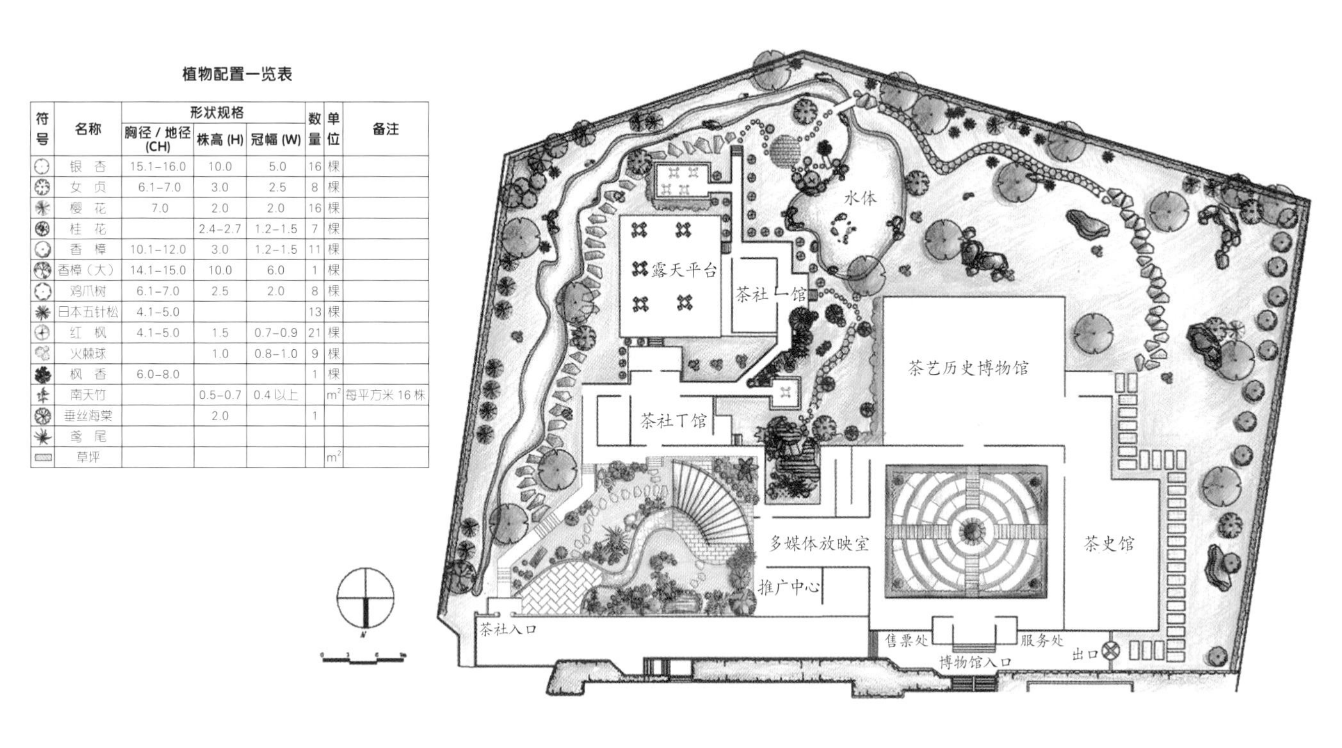

植物配置一览表

符号	名称	形状规格			数量	单位	备注
		胸径 / 地径 (CH)	株高 (H)	冠幅 (W)			
	银　杏	15.1–16.0	10.0	5.0	16	棵	
	女　贞	6.1–7.0	3.0	2.5	8	棵	
	樱　花	7.0	2.0	2.0	16	棵	
	桂　花		2.4–2.7	1.2–1.5	7	棵	
	香　樟	10.1–12.0	3.0	1.2–1.5	11	棵	
	香樟（大）	14.1–15.0	10.0	6.0	1	棵	
	鸡爪树	6.1–7.0	2.5	2.0	8	棵	
	日本五针松	4.1–5.0			13	棵	
	红　枫	4.1–5.0	1.5	0.7–0.9	21	棵	
	火棘球		1.0	0.8–1.0	9	棵	
	枫　香	6.0–8.0			1	棵	
	南天竹		0.5–0.7	0.4 以上		m^2	每平方米 16 株
	垂丝海棠		2.0		1		
	鸢　尾						
	草坪					m^2	

茶艺博物馆规划平面图

植物配置表

序号	图例	名称	形状规格			数量	单位	备注
			高	冠幅	胸径			
1		圆柏	10m	3m	0.3m	4	株	
2		罗汉松	8m	2m	0.4m	3	株	
3		广玉兰	25m	6m	0.5m	4	株	
4		女贞	8m	4m	0.06m	43	株	
5		桂花	8m	4m	0.06m	3	株	
6		山茶	6m	3m	0.05m	36	株	
7		银杏	15m	6m	0.35m	4	株	
8		日本晚樱	5m	2.5m	0.2m	11	株	
9		红枫	3m	3m	0.2m	15	株	
10		南天竺	1.5m	2.5m		3	株	
11		八角金盘	2m			5	株	
12		福建茶	1m				株	
13		红花檵木	0.7m				株	
14		雀舌黄杨	0.5m				株	
15		毛鹃	0.5m				株	
16		三色堇	0.2m				平方米	
17		细叶沿阶草	0.1m				平方米	
18		孝顺竹	2m			4	株	
19		草坪					平方米	

设计说明　庭院以色彩的植物为主，开阔和茂密的景致给游览或休息的人不同的选择，流动的小道使人喝茶或游览更加放松，提供了一种安逸休闲又不失趣味的环境。

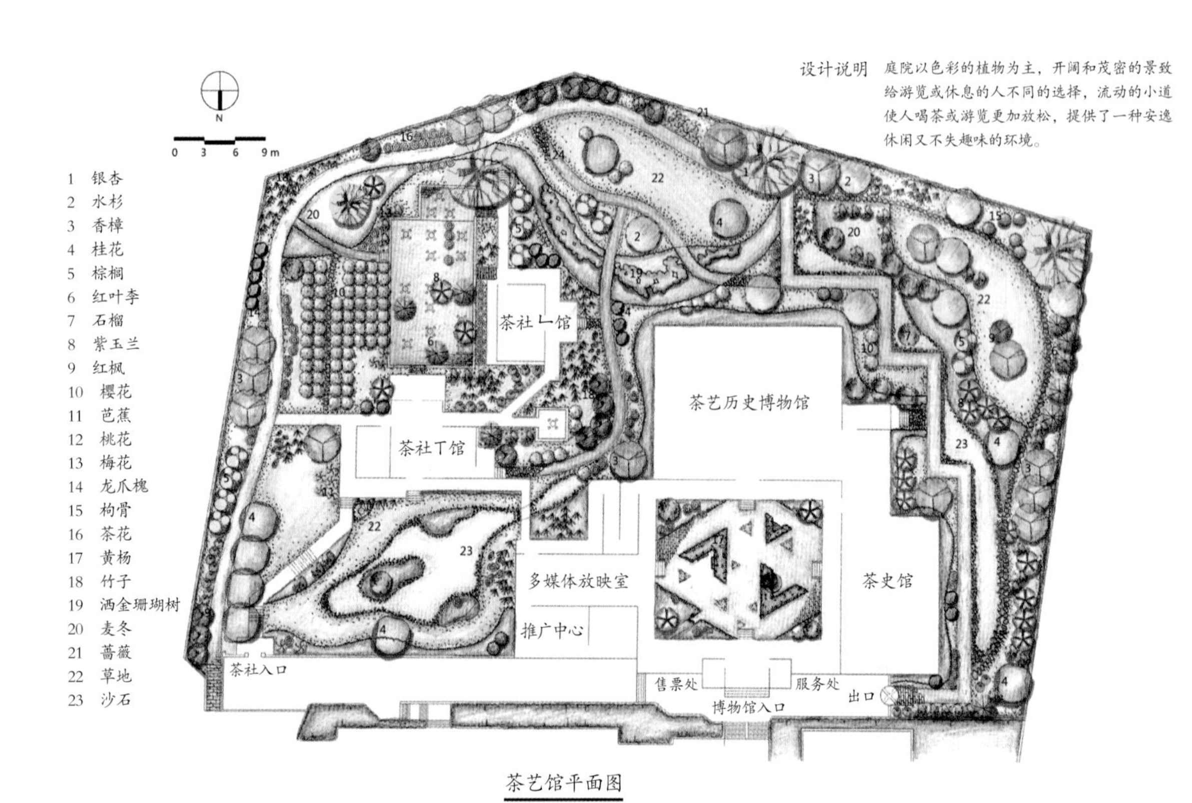

茶艺馆平面图

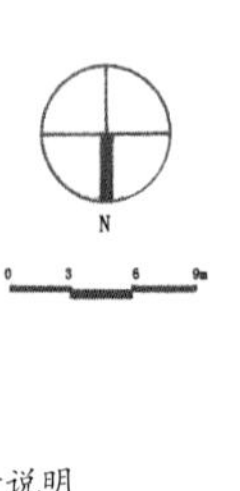

设计说明

设计以茶文化为背景，作为茶艺博物馆的庭园，有舍内和室外茶艺馆供游人休息。园内以绿色植物为主，开阔的草地和中庭的枯山水使茶社环境更加幽静。园中设计了水池，与周围大片绿色相搭配，使人感受到自然的魅力。

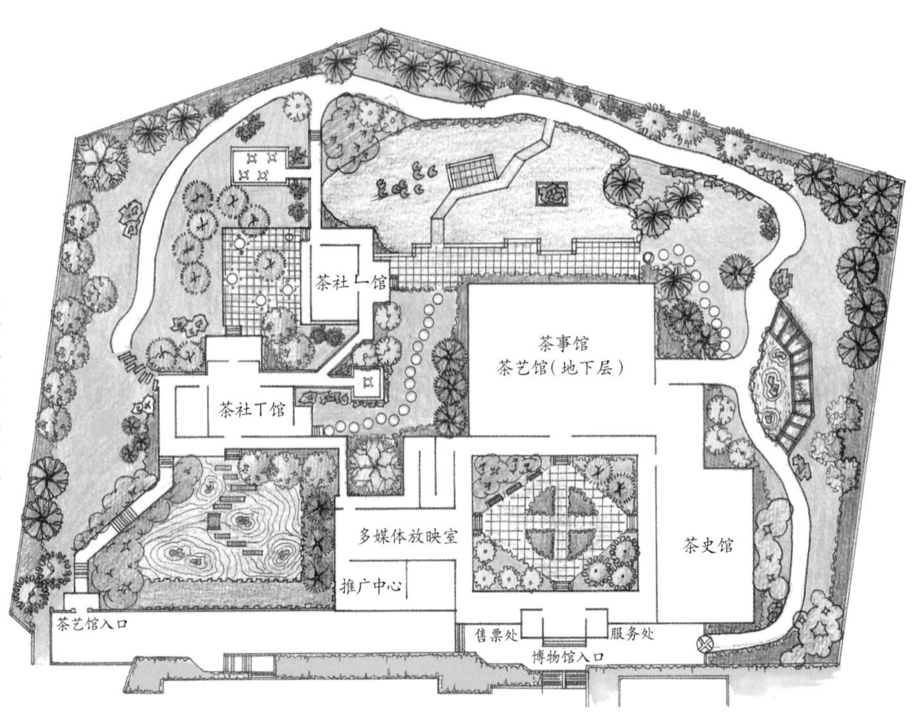

茶艺馆总平面图

Chapter

第十章 风景园林设计方案的表现形式

风景园林设计方案的展现至关重要。它既是设计结果的展示传达，又是设计过程的演绎、设计思想的介绍。如果不能很好地阐述和表现设计成果的优势，往往会直接影响到我们设计成果的实现。在这里介绍了设计方案册的制作、设计展板的呈现、PPT 的制作、模型的制作等形式。我们可以通过学习，基本掌握制作展示设计方案的不同形式和方法，对不同形式的表达特点有所了解。在设计展示方案时就可以自如地选择出最适合的方法和形式进行精彩传达；或者是用多样表现方法来展现设计成果，将设计方案及结果完美地介绍给委托方，以此达到设计共识，促进设计方案的顺利实施。因此，掌握设计方案的多种表达形式是顺利实现优秀设计方案的重要途径。

第一节 设计方案册的制作

设计方案册经常需要用到。一般来说方案册能体现一个设计公司的形象与品位，因此方案册的平面设计都有本公司的固定模式，特别是制图的图纸有各家的标准规格和公司名，设计方案代表了公司的设计，具有一定的责任性。

方案册的尺寸一般是 A3 尺寸（297 mm × 420 mm）。图纸的编排顺序是：目录、设计说明、总规划图、材料一览表（植物景观材料)、设计分析（道路分析、景观视角分析、功能区域分析图）、节点效果图、公共设施分布图、施工图等。总之，原则上是将相关图放在一起，总图在前，局部在后，平面图在前，剖立面图在后，施工图在全部方案的最后。

调查报告内容一般附在设计方案之后施工图纸之前，起到设计方案的补充说明作用。但也有放在开始，按设计流程的顺序编排。这两种方法都可以，只是阅读方案的前后顺序不同。一种是开门见山，先看设计结果，后看设计依据与说明（设计方案——调查——分析）；另一种则是把设计的全过程进行阐述说明（调查——分析——设计方案）。

方案册的封面设计很重要，是体现设计公司、单位形象和品位的第一印象。封面设计有的根据设计内容变化而变化；也有始终保持一致的封面设计；有用几何形的色块文字作构成要素，穿插而成的；也有利用方案中的效果图作封面的。总之，可根据不同爱好，设计出不同品位的封面。方案册内容制作要注意主题突出，层次清楚，切忌多余的装饰和内容的反复出现，这样会干扰主题，喧宾夺主。还要注意构图布局的美观大方，图纸的统一性。

设计方案册的编排要从整体考虑，贯穿整体方案册的大中小标题字体一定要统一规格，不能随心所欲地多变，否则有杂乱之感。说明文字不可过大，不能像橱窗宣传栏内容文字那样大，在手读本中出现超大主体文字会影响到设计方案的视觉美感。因此，编排的字体大小很关键，要以阅读书籍杂志的字体大小分布设计册。设计册的编排艺术会给设计方案带来锦上添花的作用。设计册的阅读程序清晰也会给设计方案增色，说明设计者设计思路清晰细致，会给阅读者带来好感。如果设计方案做得很好，而设计册做得很糟，可能直接影响到方案的采纳与实现，因此，我们说搞环境设计的应该对平面设计编排的视觉美感方面有所感知。

一般设计方案册包括的内容大致顺序归纳如下：

a. 调查资料图（区域及邻近关系位置等说明）；

b. 基本资料图（基地现状及特性等资料）；

c. 实地调查分析图(基地、坡度、周边景观等分析）；

d. 设计概念图（布局、功能等概念性内容）；

e. 规划设计图（整体规划设计图、分解深入图、局部详细图等）；

f. 设计分析图（功能区域分析图、车道步道分析图、人流分析图、视角分析图、植物配置图、公共设施分布图、景观节点分布图等）；

g. 景观效果图（鸟瞰图、景观节点效果图、立面效果图）；

h. 施工图（土木、建筑、水电、景观设施、植物配置、铺装、水池等剖面图）。

1. 方案册封面及目录配套设计参考（学生作业）

以平面色块为主加一幅手绘立面效果图的方案册封面设计

目录 Catalog

以小区景观规划的效果图一角为主的方案册封面设计

2. 方案册封面设计参考（学生作业）

以植物叶的装饰为主构成的方案册封面设计

以抽象的绿色水彩笔触构成的方案册封面设计

以平面色块为主加手绘立面效果图的方案册封面设计

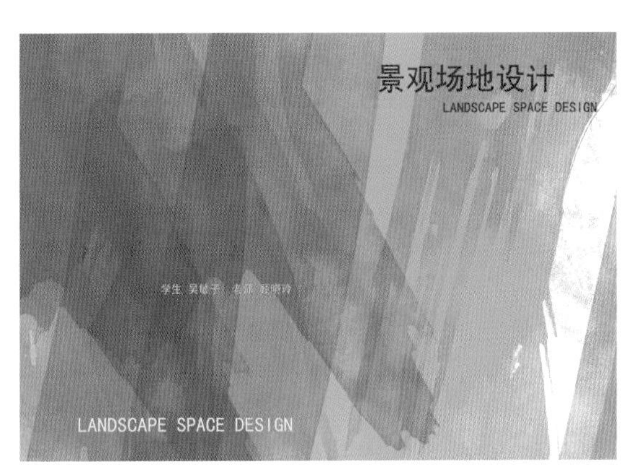

以小区景观规划的效果图一角为主的方案册封面设计

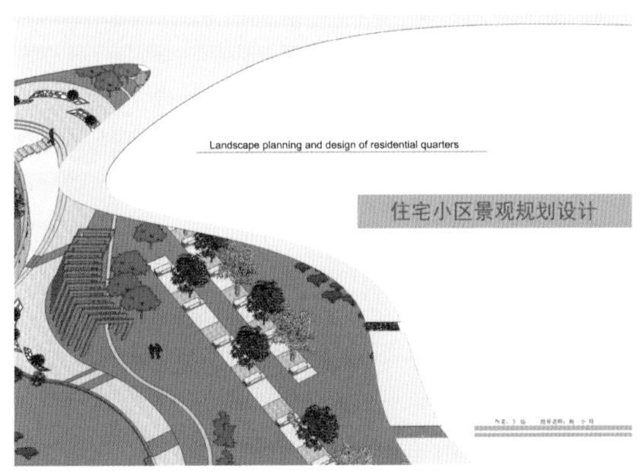

以小区景观规划的效果图一角为主的方案册封面设计

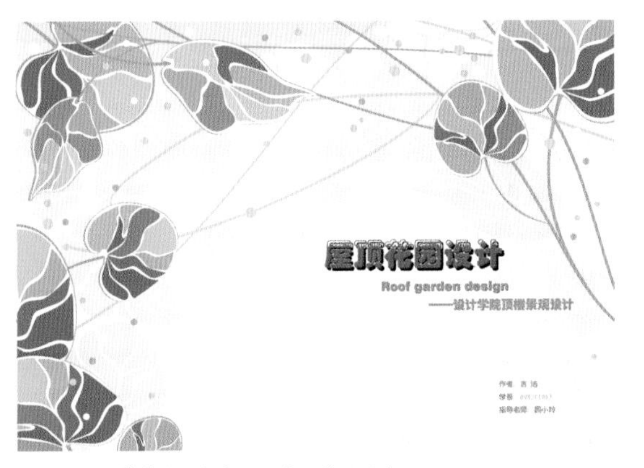

以植物叶的装饰为主构成的方案册封面设计

以抽象的绿色水彩笔触构成的方案册封面设计

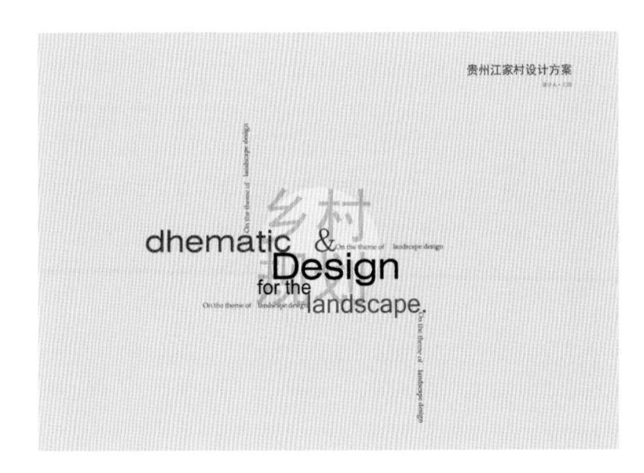

3. 小区花园全套设计方案册范例（谢慧学生作业）

方案册封面

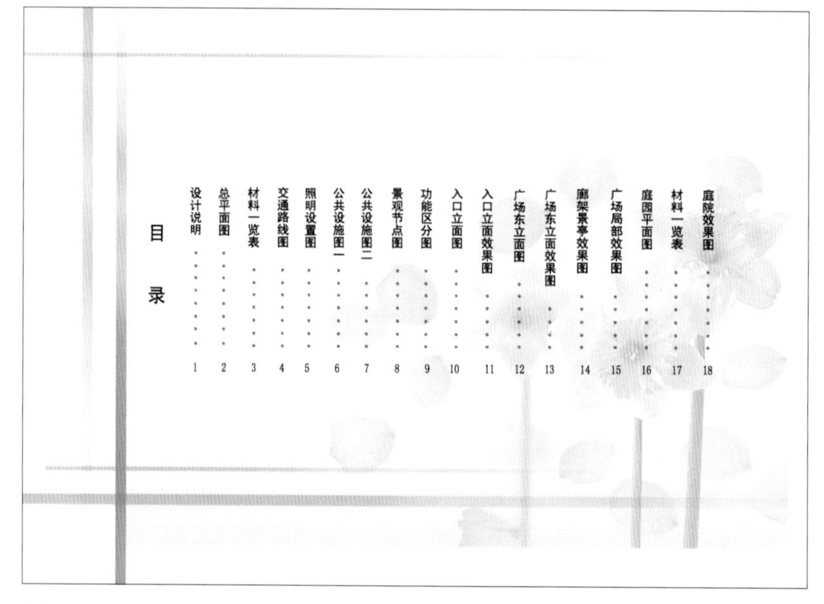

方案册目录

设计说明

一 场地现状分析

1 地理位置：怡景绿岸花园位于南京经济技术开发区，交通便利，地段优越，本项目为怡景绿岸花园一期工程，西面规划为新路，北面为商业步行街。

2 占地面积：总面积为17200平方米，建筑面积为3046平方米，绿化面积为16854平方米。

3 使用人群：本小区（一期）住宅均为六层一梯两户型，可供192户居住，根据估算，从满足人们的使用功能出发，创造出良好的生态效益，使区域与区域穿行于绿荫之中，从而使环境亲切怡人，营造出一个幽雅宁静的绿色海洋的环境。

二 设计理念

1 设计目标：

* 安全，安静，安心，造就家园感、花园感、归属感，使居住区的人们感到回归自然，回归原始，回归人性的本真。
* 实用与美观相结合，创造出功能与艺术审美同时兼备的舒适环境。

2 设计原则：

* 以人为本：以现代城市人工作、生活、娱乐、三元素一一对应，住宅小区以其特有的自然宁静的景观环境成为那些钢筋混凝土的金融办公环境的缓冲器，亲近怡人的居住环境是城市人内在的需求，毕竟城市人一半甚至2/3的时间花费在居住区中，住区景观直接影响着人们的心理、生理及精神生活。
* 经济性：在保证布局合理，功能齐备的前提下，最大程度上降低投资建设成本和以后的日常养护成本。
* 可持续发展原则：小区景观经得起地域环境，四季更替的长期检验，在兼顾近期效果的同时，充分考虑发展的可持续性与可扩展性。

3 设计依据：《城市绿化条例》国务院第100号令，《中华人民共和国环境保护法》《中华人民共和国土地管理法》《南京市城市绿化条例》

三 景观规划

1 交通：小区北面设为主入口（兼人行主入口），西面设为次入口（兼人行次入口），小区除与主入口连接的道路和中心广场北面的道路为双车道以外，其它均为单车道，区内道路畅通，车辆可循环行驶，无须倒车，并在主入口处设有临时车位和地下车库。

2 景观布局分析

* 广场：此处为一级景观点，以中心广场为住轴线，到达其它景观绿化带及各个住宅，从使用功能的角度出发，根据不同年龄层次的需求，造就适宜的空间尺度和丰富场地的变化，使广场具有开放性和亲和力，适合人们交流、娱乐健身、休憩等，同时在广场上散植阔叶乔木，为人们提供充足的庇荫场所，加上颜色变化的软硬铺装、花坛、亲草坪台，更为人门提供和谐、宁静、亲切的空间环境。
* 廊架、景亭：此处为二级景观点，主要是提供人们休憩养心的地方，相对于中心广场私密性较强，加上亲水平台，林阴步道，鸟语花香，氛围更加宁静，是人们茶余饭后纳凉聊天、散步的好地方。
* 幼儿园：位于主入口的西面，周围应栅栏围合，园内设有滑梯、沙坑、旋转车，地面采用安全垫铺装，确保孩子的安全性，此外，以种植低矮的小乔木和灌木为主使其与幼儿园的整体环境乡协调。

3 植物和硬质景观材料配置

* 植物：行道树、庭阴树、长绿树、观花乔木、观花灌木、地被植物
* 硬质景观：区内硬性景观区、道路采用火烧石材，部分景观区运用防滑面砖，彩色地砖，安全垫。

（详见材料一览表）

方案设计说明

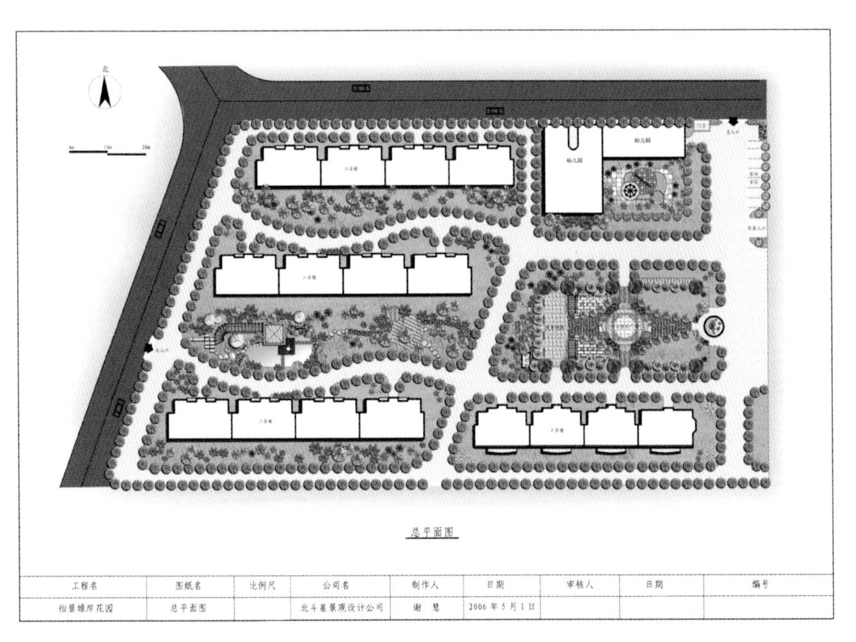

总平面规划图

材 料 一 览 表

符号	名称	规格 (m) h	c	w	数量	单位	备 注
	香樟	10-20	0.07		120	株	
	合欢	10-15	0.05	3.00	43	株	
	紫叶小檗	1 - 2			21		丛 植
	十大功劳	0.7			62		丛 植
	小叶黄杨	0.5		0.35	21		丛 植
	云片柏	5	0.05	2.00	4	株	
	白杨	25	0.07	3.50	4	株	三角支架
	海棠	4 - 6		1.50	2		
	杜鹃	0.5-1					丛 植
	黄刺玫	1.5					丛 植
	悬铃木	25	0.07	2.50	13	株	
	白千层	30	0.1	3.50	10	株	三角支架
	棕花	10	0.05	2.10	13	株	
	白蓮			0.5-0.8	5		
	风信子	0.5					丛 植
	紫丁香	0.5					丛 植
	迎春	0.7		0.80			丛 植
	红枫	1.5-2	0.05	1.20	3	株	
	银杏	25	0.07	2.10	9	株	
	金丝桃	2 - 5	0.05	1.50	4	株	

符号	名称	规格 (m)	数量	单位	备 注
	景石	高度 0.3-0.6	21	块	
	条石铺装	0.12•0.65	12	块	铺成椭圆缝间铺草
	飞石汀步	厚度 0.12	23	块	
	芭蕉方石	厚度 0.12	22	块	
	假山	高度 1.2-1.5	1	座	附加跌水
	彩色铺地	火烧泉州青 0.5•0.5			
	卵石小径	砾径 0.03 以下	4	条	
	条木铺装	0.12•0.60			缝间嵌草
	地砖	火烧芝麻黄 0.02•0.04			
	地砖	火烧崂山 1 红 0.02•0.02			
	花样铺装	陶砖 0.015•0.02			
	木花架	高度 3.0	2	个	底部无座凳
	花样铺装	陶砖 0.015•0.02			
	圆形沙坑	直径 3.8	1	个	
	滑梯	4.2•0.56•2.6	1	个	地面软质铺装

水杉　广玉兰　石榴　三角槭　多花梾木　梅花　桂花　毛竹　八仙花　细叶沿阶草　福禄考　丛生福禄考　马蹄金

工程名	图纸名	比例尺	公司名	制作人	日期	审核人	日期	编号
怡景绿岸花园	材料一览表		北斗星景观设计公司	谢　慧				

使用材料一览表

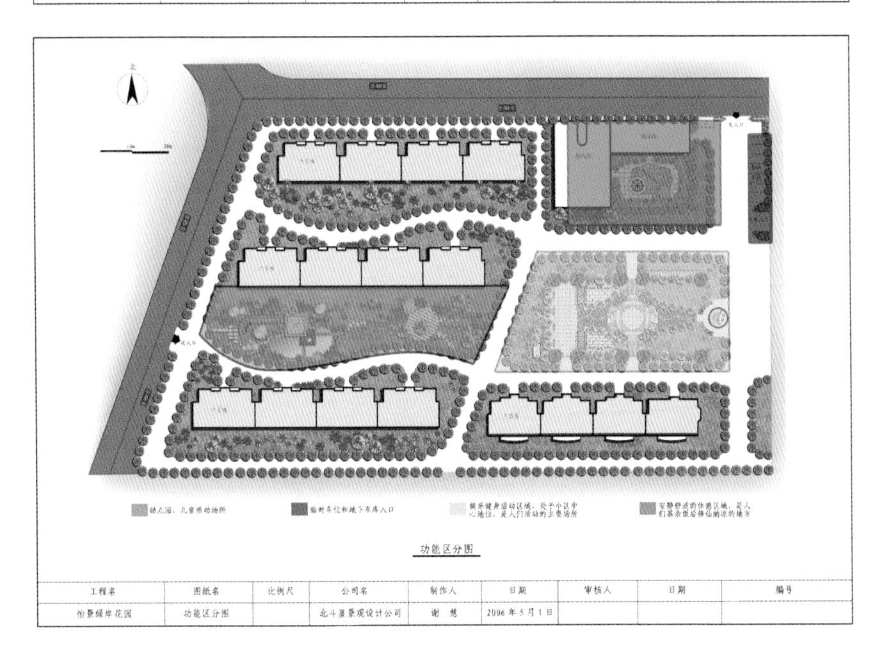

功能区域分析图

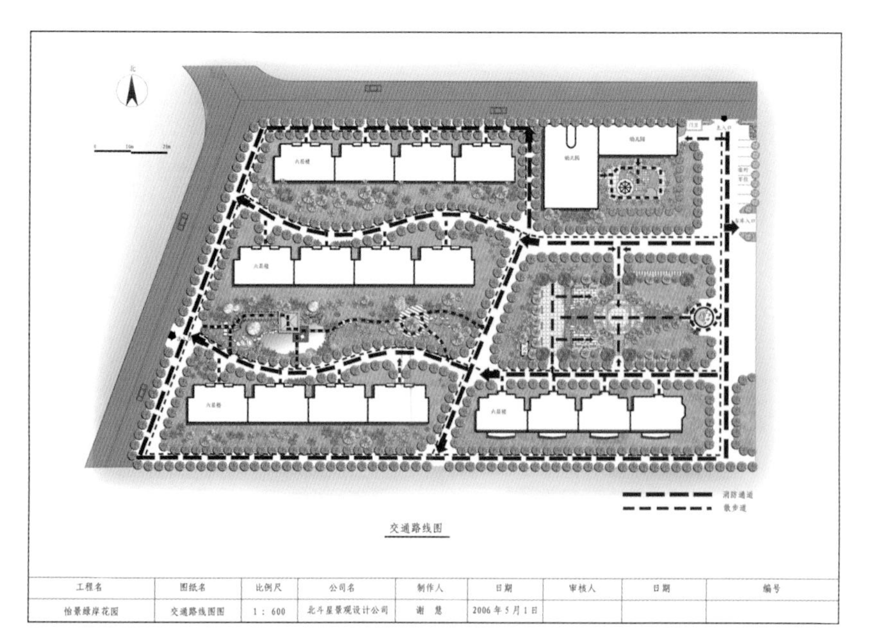

道路分析图

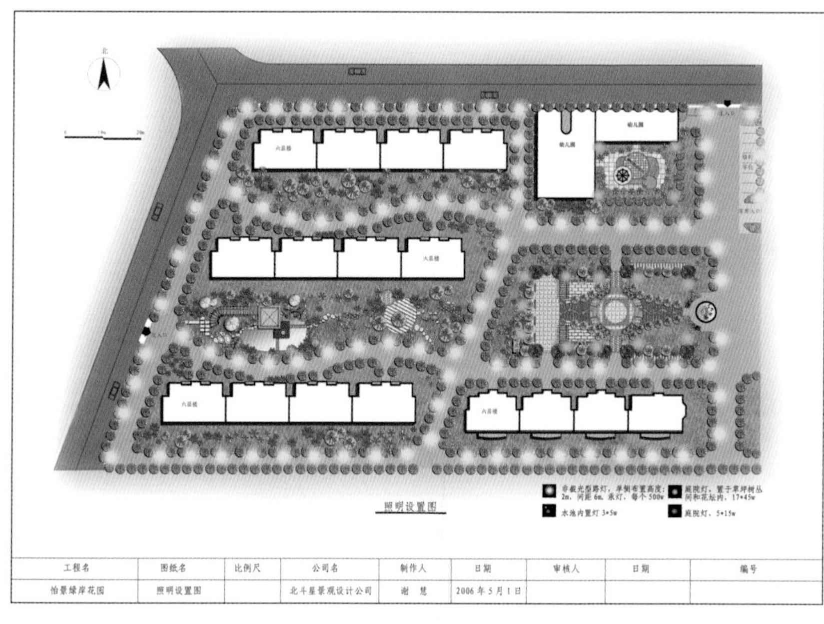

路灯分布图

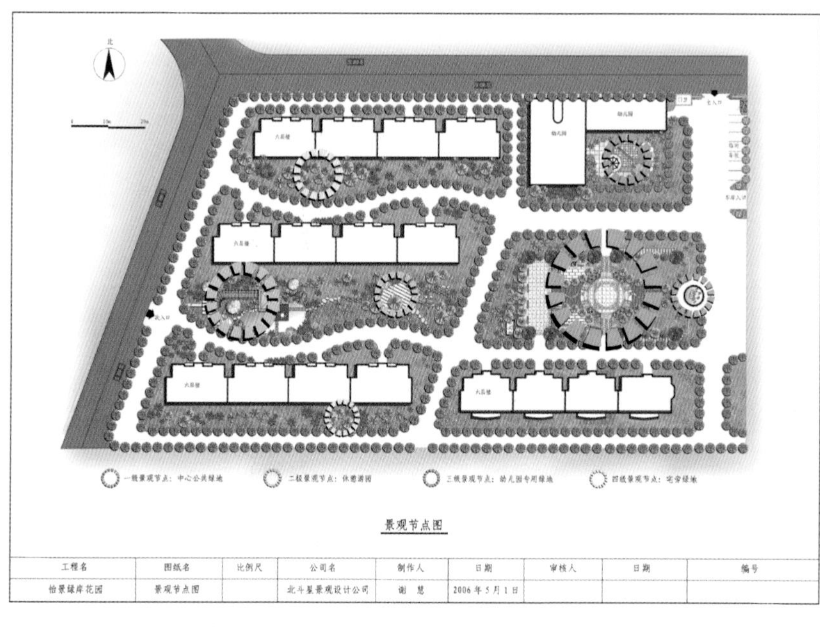

景观节点分布图

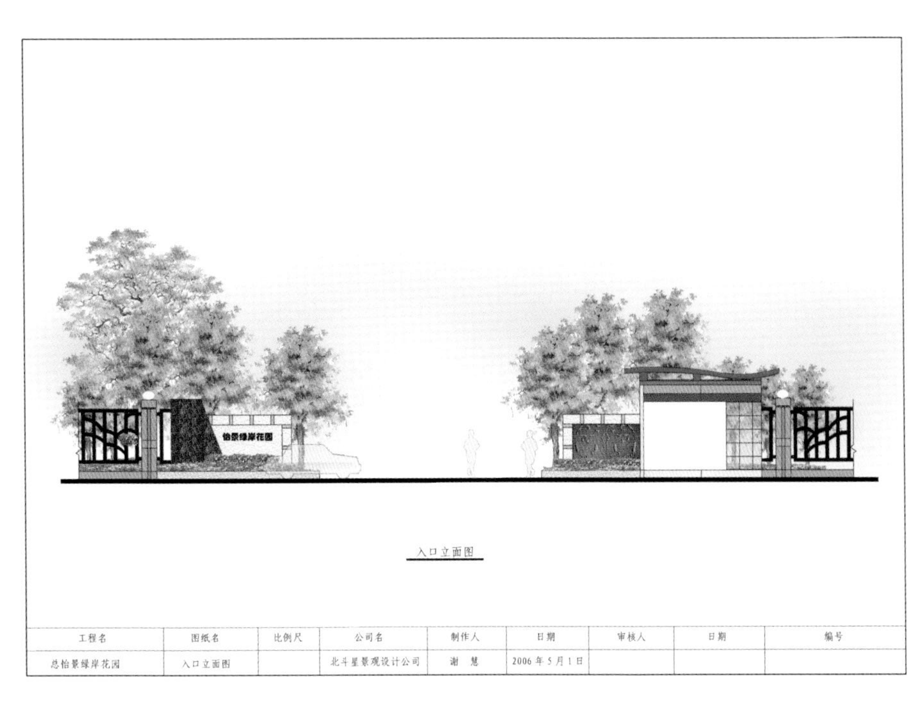

小区大门立面效果图

廊亭效果图

EXERCISES

作业题六

1.将全部课程练习与设计作业归类装订成册（内容分类：a.标准制图；b.现地调研；c.私家花园设计；d.茶艺博物馆设计；E.课程小结）。

2.参考书中的设计封面、目录、封底等形式，简单设计和编排制作自己的课程作业方案册。

3.写出本课程学习后的总结，附在作业册最后，打印成A3尺寸装订成册。

第二节 设计方案的展板制作

用展板展示设计方案一般是设计方案公开或竞标时常用的表现方式。展板版面尺寸一般为 1200mm×900mm 或 900mm×600mm，特殊尺寸则是根据展示墙面面积来决定的。展板设计布局与设计方案设计有所不同，是以平面设计特征为基础的版面设计。原则上是突出设计理念、设计思想、设计效果，因此展板设计必须从整体出发进行文字说明和图片的合理编排，突出主题，把设计前的调查资料作为设计依据，做设计方案的各种分析；如分析图一般有调查分析图，包括地势分析、现状分析、周边环境分析等；设计规划分析，包括绿化布局分析、功能区域分析、景观视角分析、交通人流分析、灯光布局分析等；还要有整体规划设计、植物配置设计、公共设施配置、设计效果的预测以及景观节点图等。要尽可能地表现设计方案的独到之处与优势，体现保护自然生态环境，实现“以人为本”的设计理念应该是公园设计的主要核心原则。

展板的编排也要注意艺术性，不是平铺直叙，而是要讲究色彩、图形、文字之间的整体构成关系。文字与图形大小以及排版顺序应以通俗易懂为基准，需要统一展板中的大中小标题与字体，强调层次分明，否则会影响观看效果。展板的展示就是为了让读者清晰地了解设计意图和设计效果，所以与制作设计方案有所不同，需要选择方案的主要内容加以表示，不要把所有图纸都放到展板上去，这样会显得零乱而影响到展板的展示效果。设计方案的说明文要简洁明了，内容要实在，合情合理，不要故弄玄虚。

1. 运动公园设计方案展板设计案例（学生作业）

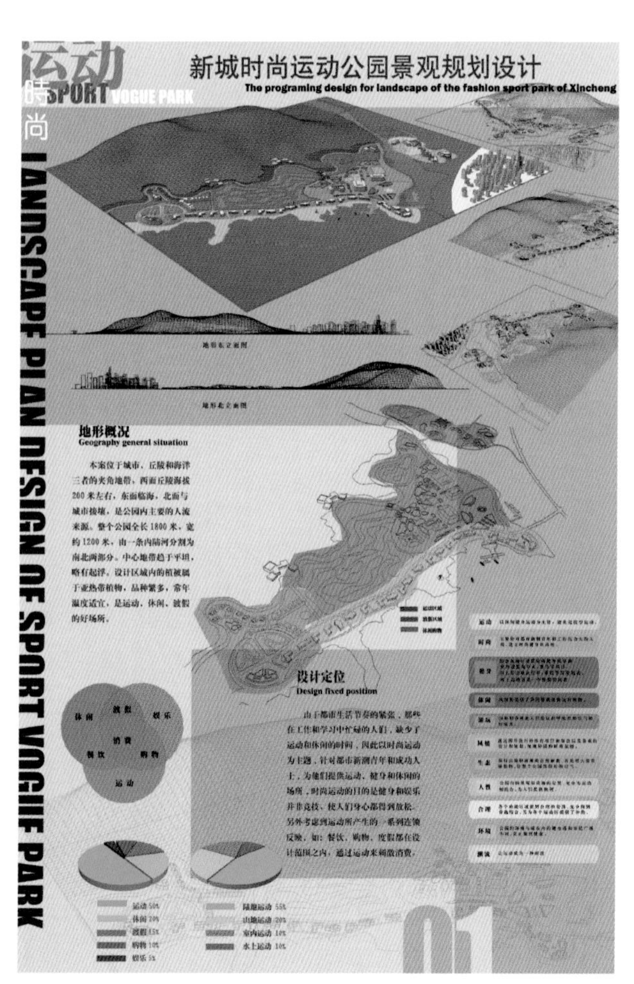

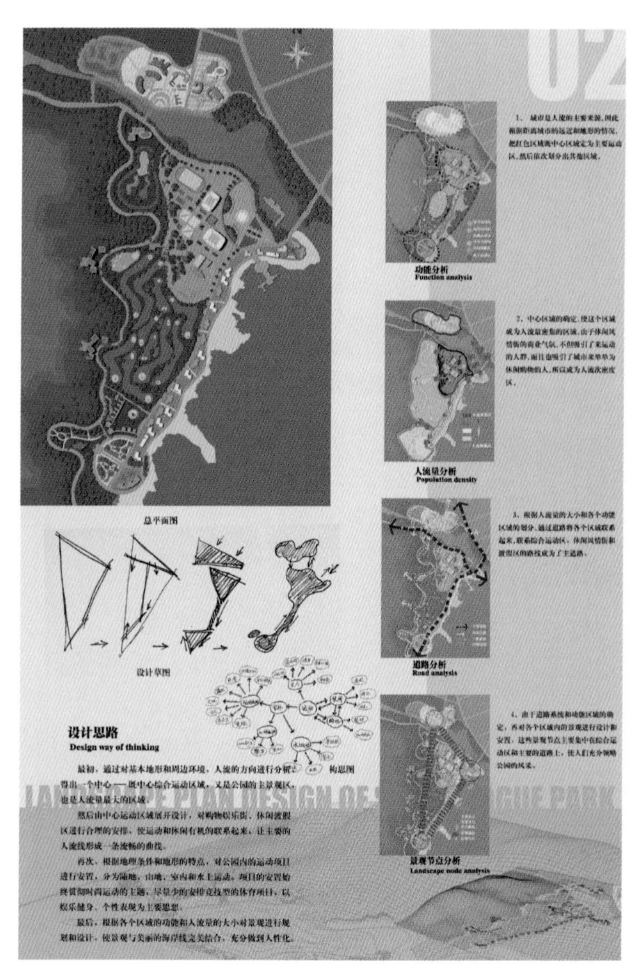

运动公园设计方案一、二展板（900×1200mm）

2. 生态水景园设计方案展板案例（学生作业）

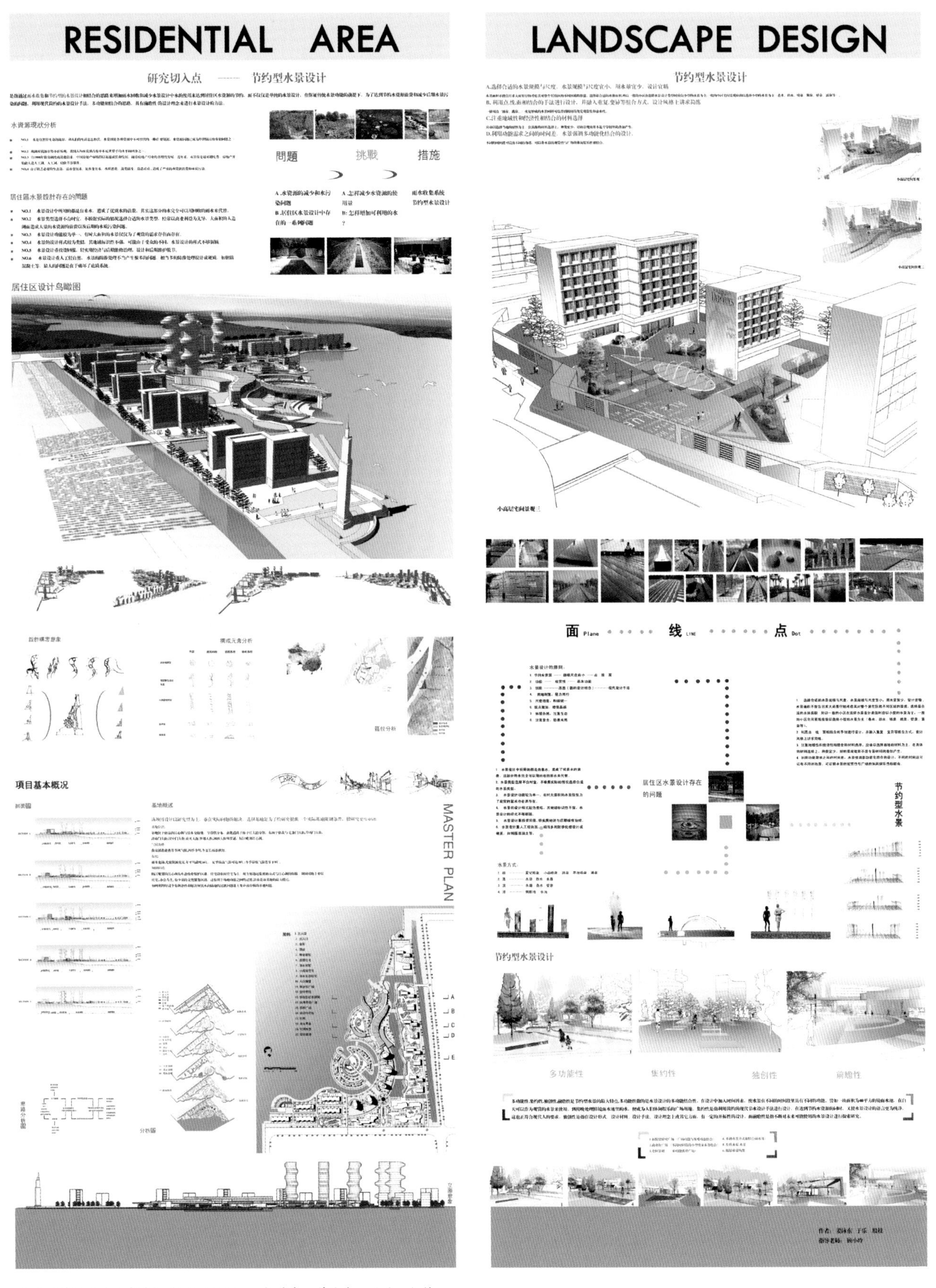

生态水景园设计方案展板（900×2400mm）作者：姜泳东、于乐、殷枝

3. 新农村风景设计方案展板案例（学生作业）

新农村风景设计方案展板（2000×2400mm）作者：孙凯、杨添祎、丁天

第三节 设计方案的放映制作

用电脑做设计方案的幻灯（ppt）放映，现在也十分流行，作设计方案汇报讲解时常使用这种方式。幻灯片的制作方法一般是把整体设计理念作为主体首先阐明，然后依照设计顺序分别讲解设计依据、设计想法，加上图与文的穿插。目的是一个，突出设计方案的优势与精彩度，充分体现立体空间感，给观看者留下较深刻的整体印象，让人们通过观看幻灯片对设计效果的预测有个明确的认识。因此，幻灯片制作一般以图片、效果图为主，文字为辅，文字只是关键而简洁的内容，一般文字都在图片观看的同时进行解说，而不是让人读设计说明。切忌文字堆积，那会给观看者带来视觉疲劳，引起烦躁感。

利用软件说明设计方案的还有动画漫游方式，目前动画漫游的影视观赏也深受大众欢迎，有让人深入其境之感。设计方案在三维软件中建模后，做成虚拟公园空间实景，用动画形式把逐步深入观赏公园环境的各个画面编成漫游动画，配上音乐后放映，这样可把观众带入设计成的虚拟公园中一同漫游，有直接进入三维空间的感触，效果比较好。但因场面大，制作内容多，花费时间长，技术要求高，对电脑内存、速度等都有很高的要求，因此一般设计不常用它。

观光农业生态园设计方案放映图片（学生作业）

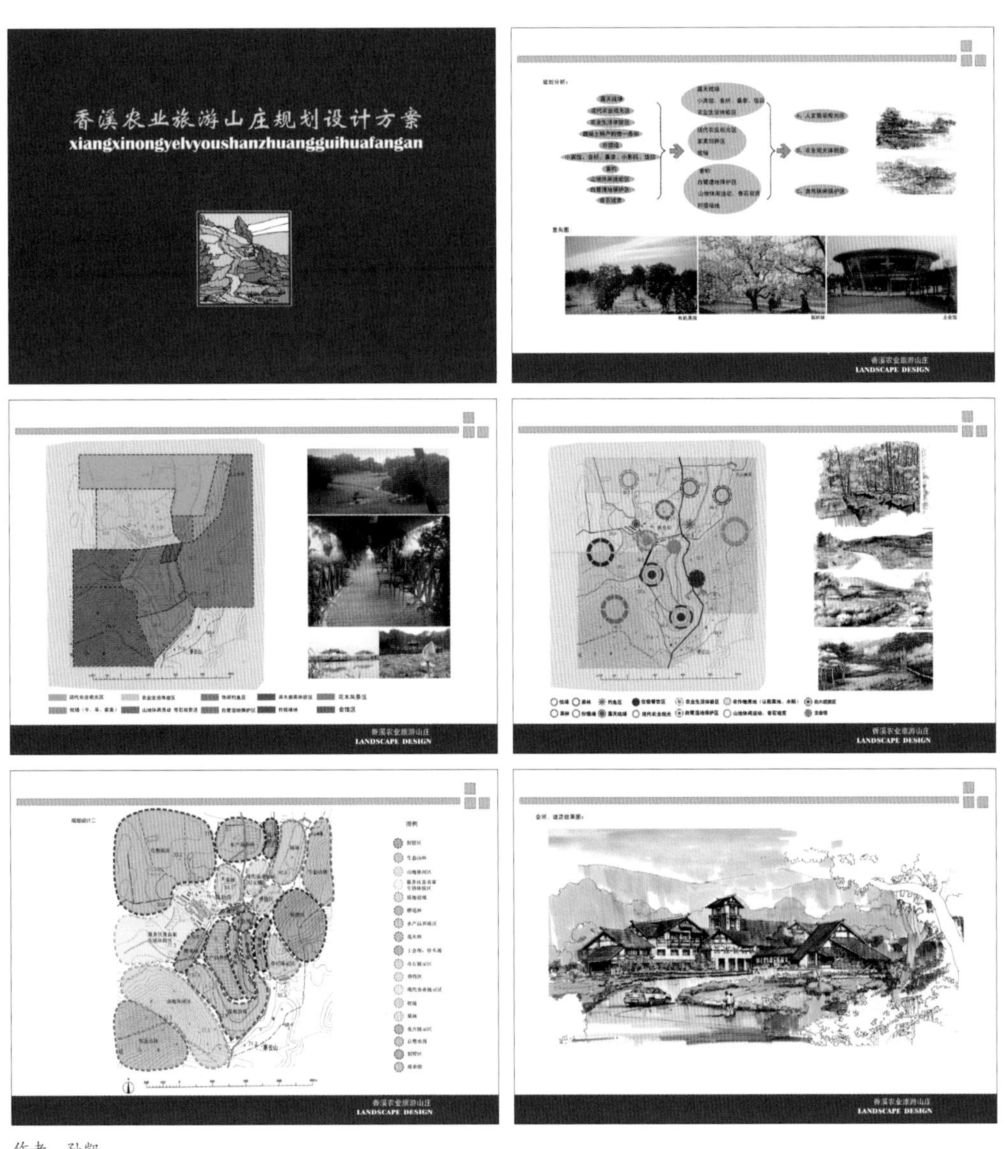

作者：孙凯

第四节 设计方案的模型制作

模型制作是设计方案整体形态的大致表现，是为了对设计方案进行直观说明。模型沙盘大小尺寸定下后，完全按平面图的比例尺寸对应制作。把平面图上的图形复制在沙盘底板上，根据平面图上的形状分别用不同材料逐步加盖，如小山坡就得按地纹的不同标高和形状逐步添加高度做出坡形来。做立体物体时，按相同比例分别做出单个模型后放入沙盘内。

制作模型的材料有木材、纸板、金属板、雪弗板（PVC发泡板）、ABS板、泡沫聚乙烯板、三合板、塑料板、石膏、油泥、有机玻璃、海绵、干花、铜丝等。着色可用各种颜色的罐装喷漆，也可手绘。做肌理效果，沙纸、小沙砾、草坪碎粒等用白干胶固定，还有一些特殊的纸张可利用。现在市场上也陆续出现各种可以用在模型上的成品和半成品的小道具，如小房子、小车、路灯、小人等。

模型是体现设计方案的立体化和空间感的说明和表现，根据设计者设计意图，可以用写实方式，也可以用概念表达方式。写实模型无论是色彩还是形状都与真实接近，容易看懂，比较直观，因此很受老百姓欢迎。概念模型是以表达体块、形状、高低、空间大小为主的概念化表达方式，与写实相比，色彩比较单一，表达空间意图很明确，一般专业人士比较偏爱。但无论用什么方法，都是以深入表达设计方案为目的的。因此可根据设计方案、内容以及观赏人群来决定用抽象的还是用写实的。

总之，风景园林设计方案表现形式是多种多样的，设计者应该根据设计的不同要求以及设计条件，选择适合的表现方法，其目的只是为了更好地表现设计意图，让设计得以完美的实现。

设计方案模型制作展示

以模型卡纸和泡沫球为主做的规划模型案例

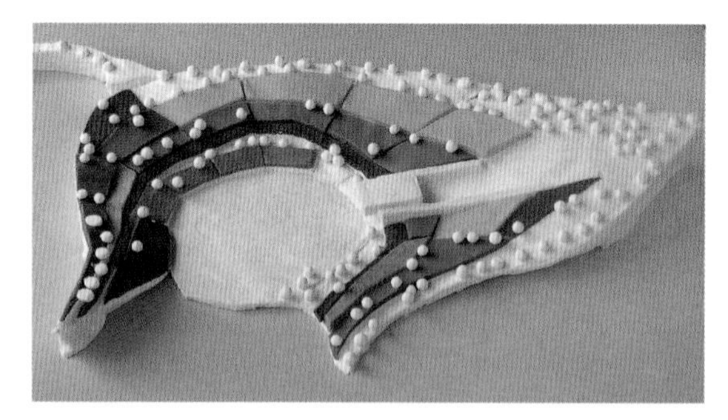

概念模型由PV⊥ 底板、彩色黏土和代替树木的白泡沫小球组成

模型卡纸做的是高楼，三角形是黑色有机玻璃做的景观建筑

用雪弗板制作的沿海岸堤四种组合花坛模型（作者：黄霄）

水是透明环氧树脂胶，地形材料是铝塑板（作者：刘晓梅）

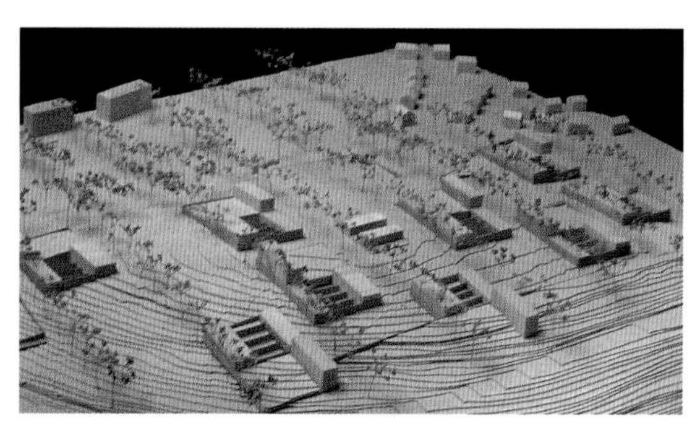

以木板和木块为主做的景观规划模型

课程教学安排建议（教案）

<table>
<tr><td>课程名称</td><td>风景园林设计</td><td>教师</td><td></td><td>学分</td><td>4</td><td>学时</td><td>80</td></tr>
<tr><td>前修名称</td><td colspan="7">环艺制图，环艺效果图，植物设计</td></tr>
<tr><td>教学时段</td><td colspan="2">（五周）</td><td colspan="5">教学课题与作业</td></tr>
<tr><td colspan="3">

教学目的

通过课程学习，对中外园林设计有一个较完整的了解，认识人与园林的一些关系，包括文化、功能、尺度、空间等关系并掌握一定的园林设计能力。对我国古典园林做些实地考察，结合中外现代园林设计的案例特点，做些课程指定的在特定场所小型园林设计的练习，学会和掌握园林设计的基本方法。

教学内容与课时分配

第一章　中外园林概述　4 课时
第二章　园林标准制图基础　16 课时
第三至六章　园林设计要素　20 课时
第七章　园林设计手法　16 课时
第八章　中外园林设计理念与风格　4 课时
第九至十章　园林设计程序与方案表达形式　20 课时

理论讲授

1. 介绍中外传统园林的发展概述与设计特点
2. 园林标准制图与设计的准确表达
3. 现地调查一个有代表性的园林
4. 园林设计要素与园林设计关系
5. 介绍中外名园名师作品及设计特点
6. 园林设计程序与设计方法
7. 园林设计方案册的汇总与制作

教学方法及手段

理论讲授、课堂练习、调研分析、实践认知、案例介绍、课堂讨论、作业辅导、设计实践。

教学考核与评分标准

出勤率与平时作业成绩占 50%（根据课堂听讲理解情况，对作业目的要求理解程度及课堂内外作业完成情况），最后综合设计开卷考试占 50%（课程结束前的最后一次综合设计实践）。

</td><td colspan="5">

课题一：设计制图标准化（第一周一次作业）

□主题与目标：设计前准备。A3 图纸框设计、园林规范制图练习。
□方法与步骤：按照讲授的标准制图方法完成课内外作业。
□作业的规格：A3 图纸（具见教材第二章）

课题二：现地园林调研制图（第一周二次作业）

□主题与目标：选择某园林现场调研，画出园林现状图。
□方法与步骤：2-3 人为一组，对现地某园林进行一次实际测量和现状调查制图，收集园林代表元素的图片，结合课堂讲授内容，分别写出被调查的园林由哪些部分组成，写出 1000 字左右的调查报告。
□作业的规格：A3 图纸和 A4 调研报告（见教材第二章）

课题三：私家花园规划设计（第二周作业）

□主题与目标：私家小花园初步设计练习。
□方法与步骤：从功能要素出发学会如何布局园林空间，多构思构图，对空间尺度有所了解。通过小花园的布局，初步掌握花园设计的基本方法。
□作业的规格：A3 图纸（具体要求见教材第六章）

课题四：主题园林方案设计（第三周四周作业）

□主题与目标：茶艺博物馆园林设计。针对课程要求对不同空间环境进行规划设计，处理好园中的动观和静观风景的空间关系，学会合理规划布局。
□方法与步骤：按照教科书中的步骤，对设计内容进行深入分析和理解，发挥设计想象力，合理规划不同功能区域，学会组景和造景的方法，做到步移景异，初步掌握园林的整体设计。
□作业的规格：A3 图纸（具体要求见教材第八章）

课题五：园林方案册设计制作（第五周作业）

□主题与目标：设计作业汇总及小结。增强综合设计的能力。
□方法与步骤：作业汇总装订成方案册。按照书中内容进行封底封面、目录、学习阶段分类扉页的设计。将每次作业分类排版至作业测中。以简洁有序，设计严谨，美观大方为准。课程小结（不少于 1000 字）内容包括对课程教学的内容、作业、要点、学习体会、收获以及教学过程中与教师交流指导等意见。
□作业的规格：A3 图纸打印成册（见教材第十章）

</td></tr>
</table>

参考文献：

1.《园冶注释》，【明】计成原著，陈植注释，中国建筑工业出版社，1988 年 5 月第 2 版

2.《园林说译注》，刘乾先注释，吉林文史出版社，1998 年 7 月第 1 版

3.《陕西园林史》，周云庵著，三秦出版社，1997 年第 1 版

4.《江南园林志》，童隽著，中国建筑工业出版社，1984 年 10 月第 2 版

5.《中国园林艺术大辞典》，张家骥编著，山西教育出版社，1997 年 1 月第 1 版

6.《说园》，陈从周著，同济大学出版社，1984 年 11 月第 1 版

7.《欧洲古典园林建筑艺术与装饰》，韩扬云、李国忠编译，中国农业出版社，2002 年 9 月第 1 版

8.《山水与美学》，伍蠡甫主编，上海文艺出版社，1985 年 8 月第 1 版

9.《唐代园林别业考》，李浩著，西北大学出版社，1996 年 4 月第 1 版

10.《中国园林艺术概观》，宗白华等著，江苏人民出版社，1987 年 3 月第 1 版

11.《扬州园林品赏录》，朱江著，文化出版社，1990 年 2 月第 2 版

12.《六朝园林》，吴功正著，南京出版社，1992 年 11 月第 1 版

13.《园林无俗情》，李嘉乐、张文德编，南京出版社，1994 年 2 月第 1 版

14.《风景——诗化般的园艺》，【美】查尔斯·莫尔等著，李斯译，光明日报出版社，2000 年 10 月第 1 版

15.《花镜》，【清】陈淏子辑，尹钦恒校注，农业出版社，1962 年 12 月第 1 版

16.《惟有园林》，陈从周著，百花文艺出版社，1997 年 12 月第 1 版

17.《中国园林》，陈从周著，广东旅游出版社，1996 年 8 月第 1 版

18.《花木丛中》，周瘦鹃著，金陵书画社，1981 年 4 月第 1 版

19.《花卉栽培与盆景》，储椒生编著，浙江科技出版社，1980 年 10 月第 1 版

20.《历代山水小品》，蒋松源主编，湖北辞书出版社，1994 年 10 月第 1 版

21.《咫尺山林——园林艺术文粹》，孙小力编著，东方出版中心，1999 年第 1 版

22.《西方现代园林设计》，王晓俊编著，东南大学出版社，2000 年 3 月第 1 版

23.《现代景观规划设计》，刘滨谊著，东南大学出版社，1999 年 7 月第 1 版

24.《景观设计艺术》，顾小玲编著，东南大学出版社，2004 年 3 月第 1 版

25.《景观设计学》，约翰·O. 西蒙兹著，中国建筑工业出版社，2000 年 8 月第 1 版

26.《景观建筑》，洪得娟编著，同济大学出版社，1999 年 10 月第 1 版

27.《西方现代景观设计的理论与实践》，王向荣，林箐著，中国建筑工业出版社，2002 年 7 月第 1 版

28.《作为美术的园林艺术》，【英】弗兰克·理查德·考威尔（F.R.Cowell）著，董雅，初冬，赵伟译，华中科技大学出版社，2015 年 1 月第 1 版

29.《物象与心境》，汉宝德著，生活·读书·新知三联书店，2014 年 5 月第 1 版

30.《西方造园变迁史》，【日】针之谷钟吉著，邹洪灿译，1991 年 11 月第 1 版

31.《风景园林设计要素》，【美】诺曼 K. 布思著，曹礼昆 曹德鲲 译孟兆祯校，中国林业出版社，1989 年 7 月第 1 版

32.《西方园林史》朱建宁编著，中国农业出版社，2013 年 8 月第 2 版